职场新人生存指南

·北 京·

图书在版编目（CIP）数据

职场新人生存指南 / 考薇著.
--北京: 中国经济出版社, 2019.8
ISBN 978-7-5136-5641-2

Ⅰ. ①职… Ⅱ. ①考… Ⅲ. ①成功心理—通俗读物 Ⅳ. ①B848. 4-49

中国版本图书馆CIP数据核字（2019）第070404号

责任编辑　海　毅　高晓晔
责任印制　巢新强
封面设计　仙境工作室

出版发行　中国经济出版社
印 刷 者　北京艾普海德印刷有限公司
经 销 者　各地新华书店
开　　本　880mm × 1230mm　1 / 32
印　　张　8
字　　数　125千字
版　　次　2019年8月第1版
印　　次　2019年8月第1次
定　　价　39.80元
广告经营许可证　京西工商广字第8179号

中国经济出版社 **网址** www. economyph. com **社址** 北京市西城区百万庄北街 3 号 **邮编** 100037
本版图书如存在印装质量问题，请与本社发行中心联系调换（联系电话：010 - 68330607）

谨以此书

献给逾84岁还在努力读书、看报的姥姥

如果她生在这个时代

一定也是一朵美丽的“林小花”

开得格外精彩

前言

有个22岁的女孩，名叫林小花，这是关于她的故事。

有好多个22岁的年轻人，他们各有其名，这是关于他们的故事。

林小花，真诚善良，平凡朴实，虽然不够出众，但心中怀有的梦想毫不逊色。大学毕业后，林小花带着这些梦想独自奔赴向往以久的大城市。在那里，她找到了理想中的工作，在工作中遭遇了种种挫折，学会跌倒了爬起来、再跌倒了再爬起来，最终不再频繁跌倒；在那里，她遇到了大城市飞涨的房价，在租房与买房的纠结中艰难前行，甚至心灰意冷，但通过努力终于有了一个小小的温暖的家，在物质和心灵双层面获得了安定与满足；在那里，她有过口袋空空的窘迫以及小有积蓄的自豪，并在一次次“千金散尽”的循环中摸索出适合自己的创造财富之路；在那里，她失去了曾经喜欢的人，又重新去寻找喜欢她和她喜欢的人，在无数啼笑皆非的爱情试炼后，终于明白了爱与付出的真谛……

在这个故事中，林小花经历了一个普通毕业生能够经历的一切，也收获了一个努力的年轻人能够收获的所有。

仔细想想，林小花不只是林小花，她的经历就像我们每一个奋斗在大都市中的年轻人一样，努力发光，一路向前。所以，我们读的是林小花的故事，思考的却是自己的人生。

在这个快速发展的时代，我们在努力，我们在前进，我们都是幸福的林小花！

目录

C O N T E N T S

辑三 你不理财，财不理你；你理财，财也不一定理你

小花想理财，但是摸摸不够鼓的口袋，到底怎么办？

辑四 找到那个人，此生安好，现世安稳

小花也有前男友，小花也有心仪对象，小花也有真命天子，小花和我们每个人都一样。

辑五　每个年轻人，都在“打怪升级”

“新人阶段”即将过去，小花发现，她懂得了过去 20 多年都没懂得的道理。

尾声　

辑 一

怀揣梦想来工作？工作给你一记大耳光

小花发现，梦想与现实的区别，就像卖家秀与买家秀。

完成毕业生身份的蜕变

一、成为“自己人”

2017年7月1日，是党的生日，也是林小花重要生活的第一天。这一天，林小花开启了在南京的生活。

很小的时候，林小花就向往古都南京，这里可浸着六朝的烟水呢，有苍凉的石头城，繁华的六朝瓦，浑厚的明城墙，优雅的民国风，还有这快节奏的现代文明。虽然出生在北方的小城，但是对林小花来说，南京早就在她心里扎了根。

可是，在异地漂泊谈何容易？如果想要去南京，恐怕要比回三线城市当公务员的同学们付出更多的努力吧。这么多年，林小花苦苦读书，多修学分，四处实习，不就是为了有实力留在南京吗？

现在这一天就摆在这里，林小花怎么能不兴奋、不激动？

当天早晨，林小花翻出了自己花2000多元购买的G2000套装（林小花曾想，怪不得这个牌子叫G2000，原来是因为随便买买就要2000多元啊），照着淘宝上网红的教程化了一个淡淡的妆，然后提前半个小时到了单位——这是入职的第一步，千万不能迟到，一定要打好足够的提前量。

林小花沿着大中桥，走上了热闹的白下路，顺着古香古色的圣保罗教堂门前向北，一路走过去。其时是夏天，蝉声阵阵，香樟静立，实在闷热，但林小花的内心却是充满喜悦的，她感觉到：全世界的人，哦不，不只是人，甚至是花花草草，都在对自己微笑！

早晨8点半，林小花已经姿态优雅地坐在了单位的等候室里。这是一家旅游时尚类杂志社，工作环境符合一般人对杂志社的想象：窗明几净，绿植适当点缀，走廊尽头有公共茶水间，透明玻璃门能够看到一个一个的工作隔间……

林小花幸福得要冒泡了。

8点45分左右，员工们陆续到岗了。由于林小花坐在公共区，每个人走进来的时候都能够看到她，于是她立即展现出良好的个人素质——站起来，对每个人报以甜美的微笑。

笑，再笑，再再笑，再再再笑……

然而，林小花发现：几乎没有什么人关注她的笑容。每个人都是行色匆匆，踩着高跟鞋伴随着“咔咔”的音效从她面前风一般地经过。有两个人在林小花面前停下来交流工作，虽然听起来是普通话，但是却带有浓重的南京话腔调，听得林小花一愣一愣的。他们自始至终都没有看林小花一眼，无论林小花露出多么“求关注”的殷切眼神。

怎么……这么冷漠?

难道，南京人都是这么冷漠?

还是职场的人都是这么冷漠？

好不容易熬到了9点钟，人事部门主任——叫瑞秋的女士——终于出现了。林小花急忙站起来，非常委屈地挤出一个笑容，笑容里的含义就是：我在这里等了好久呢。

本以为瑞秋会安慰她几句，至少也是“来得这么早啊！我带你见见新同事啊！”之类的话，但瑞秋只说了一句：“欢迎你，希望你能够尽快适应我们的工作。”

林小花有点懵，招聘的时候瑞秋完全不是这样的啊！还记得招聘当天，瑞秋笑容满面，每一句话都充满了激励和鼓舞，字字都敲打在林小花的心上。但是今天怎么变了？

林小花的心头积上了一团阴云：原来，当初的客气都只是客气而已。

“瑞秋……”林小花欲言又止。

瑞秋转过头来，似乎看出了林小花的意思，但依旧没有笑容：“想说什么？利索点。”

“那个……”林小花依旧不知道该怎么表达自己的心思。难道问瑞秋，“大家为什么对我这么冷淡？”“为什么没给我开个欢迎会？”“我这么可爱难道大家不喜欢我吗？就算不喜欢我，也不至于这么不重视我啊！”

这些，小花都不能说。

但是，瑞秋似乎懂了，她叹了一口气：“林小花，你现在是公司的一员了，没有特殊待遇。你快点适应。”

林小花突然有些懂了。之所以招聘时瑞秋对自己那么热情，是由于自己还不是杂志社的“自己人”，瑞秋对自己的态度是“外交态度”——每一个笑容都代表着公司形象。但是现在，自己已经成功入职，变成了一起作战的“自己人”，那么瑞秋就没有必要再用“外交态度”了。

在这个7月的早晨，林小花学到了她入职的第一课。

小贴士：

大学生刚入职往往会在人际关系上产生巨大的落差，原本对你客气的前辈可能会突然摆出冷脸，令你无所适从。这时候不必担心，这是你成为“自己人”之后的必修课，没有哪个领导会对“自己人”客套万分。

二、别人没义务帮你

瑞秋带小花见了主编（大BOSS），见了总经理（主管BOSS），然后带她见了执行主编佐伊（顶头BOSS）。而佐伊，才是小花目前要面对的第一BOSS。

佐伊，今年35岁，严肃脸，精致套装，无懈可击的妆容；从业近十年，摸爬滚打吃亏无数，如今练就宠辱不惊、下笔有神的本领。——佐伊，就是绝大多数毕业生一进入社会就会遇到的那种“职场白骨精”。

看到佐伊，小花想起了“一定要和气”的教导，急忙堆起满脸的笑容打招呼：“Hi！佐伊姐你好，我是林小花，我……”

“好，这些材料先帮我复印，复印好放在我桌上。我去开会了。”佐伊把像小山似的纸堆拍在了桌上，然后扭腰摆臀走了。

林小花惊呆了。她以为佐伊至少会拉着她愉快地聊聊天，如问“你是什么专业的？哪个学校毕业的？是哪里人啊？初到南京习惯吗？房子租好了吗？未来有什么发展构想啊？”，然后林小花也想好了一堆问题向佐伊请教，例如，“南京有什么好吃的啊？公司有帅哥吗？老板凶不凶啊？”之类的。

林小花抱着那堆材料到了复印机前。

办公室配的是大型的多功能一体复印机。这东西以前林小花操作过，但并非每台机器的用法都一样。林小花比画了好几次，每次复印出来的不是空白页就是大小尺寸不对，还有一次机器发出了刺耳的声音，引得旁边座位的女同事瞪了她好几眼。

这可怎么办？林小花遇到职场的第一道难题——不会用办公设施。

而这个问题，是之前在实习当中从来没有发现过的。

解决这个问题的方法当然是找个人来帮自己啦。林小花再次堆出了自己的招牌笑容，请旁边座位的一个女同事帮忙。女同事抬起头来看了小花一眼，很不客气地说：“不好意思，我手头有事。”

林小花又去问了旁边的一个同事，但人家的答复还是如此。林小花有点急了，诚然这个办公室里每个人都很忙，难道就没有一个人能帮自己一把吗？

逼急了，林小花硬着头皮去敲开了瑞秋的门。

听了林小花的请求，瑞秋惊得眼睛都睁大了，她大概是没想到林小花连这样的事情都会求她。但林小花毕竟是瑞秋招进来的人，瑞秋还是带着小花到了复印机前，手把手教会了她。这个小小的举动让林小花感激涕零。

不过林小花有些诧异，为什么周围的同事这么冷漠，瑞秋作为中层却不管一管呢？瑞秋似乎看出了小花的疑问，她说："有什么问题尽量只问佐伊，因为佐伊才是带你的人。社里每个人都有分工，谁带你就是谁带你，其他人没有义务带你，这和学校里那种气氛不一样。如果佐伊不在，你完全可以上网搜索复印机的使用方法，现在每种电器如何使用都可以上网搜索到教程。"

一席话把小花说得心服口服。复印好材料之后，小花用手机浏览器搜索了一下，果然发现可以找到复印机使用方法的教程。

这是小花学到的另外一个道理：有问题尝试自己解决，别等着别人手把手来教你，人家没有那个义务。

小贴士：

同学和同事是完全不同的关系体系，在学校里有人人互助的氛围，但工作单位讲究分工，没有人的分工是"帮你"，因此要尽量自助而不是等着别人放下手中的工作来帮你。

三、我对你本人没有兴趣

半个多小时之后，佐伊回来了，她看到桌上的材料，并没有表示“哎呀，你复印好了，真不错！”这样的赞许。相反，佐伊不是很满意，她嫌弃地说：“我让你复印材料，你就只复印材料了？至少应该分类装订好吧？”

林小花这才意识到，自己把复印完的散材料如此草率地摊在桌子上，确实是不合适的。她急忙动手订起来。

看到林小花诚惶诚恐的样子，佐伊似乎也动了恻隐之心，口气缓和了一点，说：“林小花是吧？短期之内是我带你，我们俩就是一个TEAM。什么叫TEAM你知道吗？就是你好我也好，你差我也差，我们是荣辱与共的，所以我希望你成长快一点。”

林小花拼命地点头，心想：我可不能拖人家后腿啊！为了表示自己不拖后腿，林小花特意强调了一下：“我不会拖你后腿的，我这个人很努力的，我爸妈都是做文字工作的，我从小也喜欢写东西，而且我上学那会儿啊就是校刊的……”

“不用讲了。”佐伊打断了林小花的话，说，“我想你以前一定很优秀，不然瑞秋也不会招你。但你以前多优秀、你爸妈是干什么的、你这个人什么性格，都不是我关心的重点。在社里，我只关心你的能力，而不是你的过去。”

这话听着特别刺耳，林小花愣住了。

佐伊摆摆手继续说，“可能我说话太直白，对不起。但事实就是这样，作为你的上司，我对你个人的过分关心对工作没有任何助益，甚至可能会引起你的反感，或者导致工作上的误会。我们俩是工作关系，那我就只关心你的能力。这话听起来也许很冷漠，但却是最有效率也最实际的。”

林小花恍然，怪不得佐伊初认识她的时候，并没有问她“你是什么专业的？哪个学校毕业的？是哪里人啊？初到这个城市习惯吗？”这类私人问题，因为对于佐伊来说，这些都不如能力重要。

林小花咬咬牙，心想：我一定会让你看到我的能力。

小贴士：

大学生毕业之初很难处理好私事与公事的关系，认为同事应该对自己的私人生活有兴趣，或者认为自己应该对同事的私人生活表示兴趣。实际上，工作关系决定了大家只对能力更有兴趣，我们只要尽力展示自己的工作能力就好，不要在私人问题上投注热情。

从打杂开始，你以为你是谁

一、和别人一样，并不意味着堕落

林小花，人如其名，像花一样。这是爸妈对小花的期望。

但是上班第二天，佐伊就要求小花取一个英文名字，她说：“咱们是旅游时尚杂志社啊，至少要有个英文名。”

“是因为我的名字不好听吗？”小花小心翼翼地问。

“不是，无论你叫林如烟还是林小花，无论你的名字很琼瑶还是很通俗，都得起个英文名。”

“为什么啊？……”小花弱弱地问。

“为什么？”佐伊有点火了，“社里每个人都有英文名，而且都在频繁使用，你没有注意到吗？”

但是小花这个人有一点文人的风骨，从小到大她最烦的就是好好的中国人非要起个外文名，她觉得那是一种崇洋媚外，是一种“假洋气”。记得以前上学的时候，班里有个女生很矫情地起了一个英文名字叫作“伊莎贝拉”，还要求班里所有同学都必须这么叫她。小花就不服气，偏要叫她“李晓娟”，叫起来还特别大声。为此，李晓娟和小花大吵了一架，之后谁也不理谁了。

现在，佐伊要小花也起个英文名！这违背了小花的意愿！

于是，小花试探性地问：“能不能不用英文名？其实我的名字——小花，也挺朗朗上口的。”

佐伊一下子就火了：“林小花！你怎么毛病那么多？大家都做的事，你为什么做不到？你是不是想显得特立独行？我告诉你，肯定不行！”

林小花一下子就懵了。

趁上洗手间的时间，林小花给大学舍友打了一个电话，抽咽着讲了刚才的事。林小花说：“苗苗啊，你说我怎么这么惨？一上班就遇到一个母老虎，不就是一个英文名嘛！她至于对我发这么大火吗？”

苗苗听完之后沉默了一会儿。

出乎林小花意料的是，苗苗并没有像以往那样安慰她，而是说：“小花，我觉得是你做得不对。”

“我怎么不对？难道都得起个英文名？这不是崇洋媚外吗？”

“不，这和崇洋媚外没有关系。这是工作需要。而且，大家都起了英文名，为什么你就不能起？又不是让你上断头台！”

“我……”小花哑然了。她也不知道自己为何如此排斥英文名。

苗苗接着说：“我告诉你啊小花，你上学的时候就特立独行，我们大家都忍你的，上了班之后，没有人会再忍你了。”

接下来，苗苗就给小花讲了自己的经历。

苗苗在某中学当老师，起初她也想创新，头一课就用别致的方式给同学们开讲。但很快就被教导主任批评了，原因是她的方式太另类了，同学们虽然有新鲜感，但容易对课堂失去敬畏。主任告诉苗苗：“我承认你做得很用心，但如果我表扬了你，就会有越来越多的老师把心思花在怎么创新课堂形式上，而不是如何提高教学质量上，那么就会有不好的结果。”

苗苗一下子就理解了，然后开始沿用大家都使用的老方法教学，很快就融入了群体。

苗苗说：“小花，你看，没有什么不能接受的。和别人不一样，并不证明你优秀；和别人一样，也并不意味着堕落。接受‘变得和别人一样’，是你成长的开始。”

小花觉得苗苗自从当了老师之后，说话真是越来越有说服力了。

回到办公室之后，小花当即就给自己选了英文名：Flower，翻译过来就是小花，但是听起来很洋气。佐伊很满意。

当天下午开始，就有同事开始“Flower”“Flower”地叫。小花觉着挺好听的，真的没有什么不能接受。

小贴士：

大学生往往强调个性，进入单位之后想有创新之举，这种心态可以理解，但切不可做得太过。同事们都做的事情，自己绝不能落下，否则未来的工作和人际都会出大问题。

二、打杂——职场新人的宿命

“英文名风波”之后，佐伊和小花正式进入了协同工作状态。

起初小花做得还挺不错，每天不迟到不早退，办公设备的使用也均在短期之内全部掌握，但是过了半个月，小花又受不了了。

小花说：“我想要一份工作！”

也许你会说，小花明明就在工作啊？为什么还要求一份工作？

因为小花现在做的并不是她心目中想要的工作。让我们来看看小花一上午的工作安排。

8：45　到岗，泡咖啡，清理桌面，给花浇水。

9：00　帮佐伊安排一天要做的事情。

9：15　开始打电话，打几十个电话。

10：00　把电话联系情况记录下来，复印好给佐伊。

10：30　到茶水间准备茶水。

11：00　统计大家要吃什么外卖，然后打电话去订。

12：00　吃饭。

13：00　清理桌面。

…………

小花发现，自己虽然踏入了向往中的杂志社，但实际上承担的工作与一个保姆没有什么区别。她郁闷极了：我不是应该做文字工作的吗？我不应该看到自己的成果印成铅字吗？为什么会变成现在这个样子？

小花向佐伊暗示：我可是一本学校正经的汉语言文学专业毕业，我可是写过很多稿件还发过校刊的，我可是对文字工作充满热爱的。但是佐伊对她的暗示置若罔闻。

小花感觉自己的生活特别没有价值。

小花虽然看起来懦懦的，但在大事情上是很有自己的想法的。在无数次倒水扫地以及复印材料之后，小花决定反抗。她对佐伊说："佐伊姐，我来了这么久了，一次正经工作也没做。我想着咱们单位毕竟招的是编辑而不是打杂的，是不是考虑让我也写点啥？"

佐伊瞅了小花一眼说："把样稿打印出来，一共22份，装订好了再说。"

小花气鼓鼓地把样稿打印出来并装订好，但因为带着情绪，装订好的文稿有错误——错误还不小，22份文稿中出现了好几处空白页。佐伊看到之后大为光火："22份全都白打了！你是怎么做事的？"

若是在平时，小花也会忍下来，毕竟是自己做得不对嘛，但是今天小花大声反抗："我打印确实做得不好，那是因为我到单位来不是专门做打印的！我是来做编辑的，不是来打杂的！"

掷地有声。

但这掷地有声的反抗，只换来佐伊的一声冷笑，以及周围人的白眼。

佐伊说："委屈了？哈！每个人都是这么过来的！你不信？我

指给你看。”佐伊“刷”的一下拉开百叶窗，指着隔壁办公室的一个抱着材料跑来跑去的姑娘说：“看到了吗？乔安娜，和你差不多同时进来的吧？作为新人，一直打杂。你知道人家是什么学历吗？人家是中国传媒大学研究生！再看那个，主管琳娜，现在可是营销部的‘大拿’，以前没有外卖APP的时候，琳娜给大家订外卖订了小半年。而且在这小半年里，琳娜和商家密切联系，转正以后给杂志社拉了相当多的赞助！”

小花顿时无话可说。

佐伊关上百叶窗，指着那些废掉的文稿说：“去做吧，手脚麻利点儿。一会儿开会要用的。”

小花抱着材料，乖乖地走了。

这一次，22份文稿小花打印装订得很用心，不仅检查了空白页问题，还把边页都装订得齐齐的。再送过去的时候，佐伊翻了翻，虽然没有说话，但是眼里似乎闪过那么一丝赞许的光。

小花希望，这不是错觉。为了加深这种印象，在佐伊去开会的时候，小花又把办公室里的绿植都浇了一遍水。她发现，自己以前浇水的方法不太对，以至于很多积水存在花盆底下的盘子里，微微发了臭，以后一定要改进。

当天晚上，小花和好几个同学聊了微信，交流了各自的情况。她吃惊地发现：进入白领行业的同学，无一例外都在做着打杂的工作！大家都做得非常腻歪，感觉一腔抱负无从施展。但最后大家都统一了认识：只有把不喜欢做的打杂工作做好了，才能得到其他工作选项。

记住：初入职场的新人，无论你什么学历，无论你什么能力，甚至无论你什么背景，打杂，做基础工作，都是必过的坎。

小贴士：

许多刚刚进入职场的大学生都有眼高手低的毛病，总觉得自己是来实现一腔抱负的，所以不肯做小事、杂事。实际上，每个人都要从打杂做起，就像每个将军都是从当士兵开始一样。

三、琐碎的工作，也能做出成绩

小花渐渐适应了打杂的工作，并在其中找到了乐趣与价值。她发现，即使是如此简单的工作，也有许多道理蕴含在其中。

以订外卖为例，隔壁办公室的乔安娜做得就比小花好。一般来说，午餐大家都会有各自的选择，报给小花之后，照着人数和口味选订，然后外卖送到，由小花拎进来分发就可以了。但是，订外卖也有例外的时候。某个周末临时召开会议，需要小花提前订餐。为了保险起见，小花特意打电话给佐伊，问询有多少人用餐。

当时佐伊是这样说的：“会议名单上是13人。”

“哦……”小花一边想着这数字真不吉利，一边就订了餐。谁承想，实际到会多了一个人，来了14个。小花眼瞅着那位“不速之客”一屁股坐在了会议桌前，她不知道该怎么办。总不能上去对人家说“不好意思您别开会了，因为我没订您的饭”吧？

那天中午，小花只好把自己订的那份饭给了“不速之客”。有人问小花怎么不吃饭，她就违心地说自己在减肥。在饿着肚子的同时，小花还在庆幸：“幸好只是多来了一个人，如果多来了两个呢？”

出了这样的问题，小花心里最怪的就是佐伊。但是，后来的事情让小花认识到还是应该怪自己没经验。

又是周末加班，这次是琳娜部门负责。琳娜打电话的时候，小花明确地听到琳娜对乔安娜说：“会议名单上18人。”但是，那天中午乔安娜拎盒饭上楼的时候，小花结结实实地看到了20份盒饭。

那天的确是来了18人，余下的两盒饭就摆在大厅里。小花本以为琳娜会埋怨乔安娜浪费，却不承想琳娜对这多出的两盒饭视而不见，而佐伊则向小花投来意味深长的目光。

小花用心琢磨，终于明白过来了：凡事都要分情况而论。平时午饭可以完全按照人数来订，但如遇临时会议等不确定因素时，要多余出1～2份的机动份额。即使这个机动份额被剩下了，老板也不会怪你，因为——机动余留，也是工作支出的重要部分。乔安娜就比小花多想到了这一步。

再以打印为例。自从上次被佐伊批评之后，小花着意重视自己的打印、复印工作，自认为做得已经炉火纯青，却不承想，隔壁部门的乔安娜再一次击败了她。

杂志做特刊，按例需要上级部门的资深编辑前来审查。早就听说这位陈姓的老编辑视角犀利，文笔了得，人脉广泛，切不可掉以轻心。小花早早就把准备的材料打印好，细细地检查了一遍，然后精美装订，满心期待陈编会对自己留下良好的印象。

到了那天，陈编风尘仆仆而来，坐下喘口气，喝了一口上好的安吉白茶，便戴上他的老花镜把材料看了一遍，点了点头，划出了几个有问题的部分，又看了一遍。小花战战兢兢立在一旁，生怕自己的材料有什么错误。

很好，没有错误，但是，陈编自始至终都没有问一句关于小花的情况。小花颇为失落。

就在这个时候，琳娜带着乔安娜来了，她们的汇报是次要汇报，只是走个形式，却不承想陈编看完了材料之后，特意把眼睛从老花镜片上抬了起来，问琳娜："新来的小徒弟？"

"是的，这是乔安娜，中国传媒大学毕业的硕士，现在跟着我。"琳娜介绍的时候，乔安娜乖巧地上前鞠了一躬。

小花的心里顿时"咕噜咕噜"冒起酸泡来。凭什么啊？明明我的材料比她多，但她却得到了表扬，而我却连被问一句的资格也没有！

小花百思不得其解。

事后，看小花那不尴不尬的样子，佐伊冷笑了一下："没找到差距？"

"没有。嗯，可能就是我命不好吧。"小花嘟囔着。

"命？我最讨厌那些把失败归结为命运的人。"佐伊用下巴指着指桌面，"去看看吧，看看你和乔安娜打印的材料。"

小花走过去，才翻了几页，眼睛就睁大了。平时在社里，所有的文档都要求三号字仿宋体打印，谁也不能坏了规矩。但是乔安娜交上来的材料，明明就是小二号字打印的，比小花的字体大了许多。

那么大的字，一页纸装不了几个，看起来也特别丑，但是……

小花一拍脑袋，找到了问题所在：陈编是上了年纪的人，眼睛不好，所以对他来说，字越大就看着越舒服。乔安娜就是想到了这一点，所以特意把材料上的文字打得大一些，一方面方便陈编审读，另一方面也让陈编产生了受尊重、被重视的感觉。陈编看到大字，立即明白了乔安娜的用心，当然要关怀一句了。

小花的脸羞得通红。但让小花就这样认栽也不是件容易的事，她问佐伊："佐伊，你明明知道会这样，为什么不提醒我一下？"

"这个问题问得好。如果我一开始就教给你，你也许会照着做，然后得到陈编的表扬。但是，你会把这个道理深深地记在心里吗？之前我也教过你不少东西，但你还是常错常犯。后来我也想明白了，现在的年轻人往往就是这样，非要自己栽了跟头，学到的经验才会牢牢地记住，并且好好地运用。你说是不是？现在让你吃个小亏，是为了让你长一个大智。"

小花一拍额头，一点脾气也没有了。

这个教训，小花真的是牢牢记住了。

小贴士：

工作无小事。刚入职场的年轻人往往眼高手低，轻视自己正在做的"简单的工作"，以为用半个脑子就可以做好。实际上，越是人人都会做的工作，越能够看出真本事。再简单的工作都有窍门和秘诀。一个优秀的年轻人，能够在这些看似简单的小工作中找到巧法，从而让领导刮目相看，从众多同时入职的年轻人当中脱颖而出。

四、必须适应规则，你以为你是谁

接连几次“栽跟头”后，小花越来越喜欢佐伊了。她发现，佐伊是一个标准的“面冷心热”的人，虽然看似对自己不理不睬，甚至有点刻薄，但是时时处处为她着想，润物细无声。

熟了的时候，小花会嬉皮笑脸地拉佐伊聊天：“佐伊啊，你说你为什么不能‘暖’一点啊？你这样总是冷冷的，会让大家误会的。就像我，一开始以为你是母老虎呢！”

佐伊白了小花一眼，但这一眼里，却隐隐有笑意。这下小花得到了鼓励，蹬鼻子上脸地说：“佐伊佐伊，你看凯西，多受欢迎，平时总是爱说爱笑、热情洋溢，你也要学着一点儿嘛。”

“她？”佐伊难得地露出了鄙夷的目光，“小花，你还是年轻啊。”

这话让小花丈二和尚摸不着头脑，但是很快，一件怪事让小花转变了看法。

那是季度奖励大会。凯西成为本季度加班最多的员工，理应得到一次出境旅游作为奖赏。就在大家都为凯西鼓掌的时候，凯西突然站起来，热情地说：“谢谢领导！谢谢大家！没有你们的关爱和支持，就没有我凯西的今天。我作为一名热爱工作的员工，自愿放弃这次奖励，不去旅游，坚守在我的工作岗位上！”

多感人啊！这是林小花的第一感受。

奇怪的是，并没有人鼓掌，也没有人喝彩，甚至大家都露出了一种异样的表情。

主管清了一下喉咙：“凯西，你能这么说我很高兴，但是这次旅游你还是应该去，这是你应得的。”

“不不不！我真的不去，我自愿放弃，我愿意工作！”凯西继续热情表态。

“这样吧，凯西……旅行的地方还不错，你可以去那里体验一下，回来交一篇应景的游记，用于做特刊的文艺插版。这不仅是奖励，也是工作，就这么定了。”然后主管就立即转移话题，讨论下一项工作。

凯西的笑容就那么僵在了脸上。

小花有点不懂。散会之后她问佐伊，为什么凯西主动放弃旅游却没有得到表扬。佐伊说：“这就是凯西的问题所在。她虽然热情，爱奉献，爱工作，却太不顾及同事们的感受了。”

佐伊给小花讲了一个故事。孔子有一个学生，见义勇为，救下了一个鲁国的奴隶，事后却不肯要报酬。人人都称赞这名学生，孔子却很不开心。他对这名学生说：“如果你带头不要报酬，还受到别人的赞扬，那么日后人人做善举都不好意思要报酬。没有报酬却要救人，这是件吃亏的事儿，很多原本可能救人的人，就不愿行善举，风气由此就会变坏。”

佐伊说：“凯西就是这么一个例子。她加班多，主管奖励她出境旅游，她如果自愿放弃这个奖励，那么以后加班多的人就不好意思接受这个奖励了。没有了奖励，大家往往会心生惰性，那么爱加班的人也少了。主管不表扬凯西，是怕会坏了单位的风气；同事们不赞同凯西，是因为凯西拒绝旅游会断了大家美好的念想。”

小花恍然大悟。

后来小花发现，凯西的热情表现，使大家对其心生反感。这正应了佐伊的话：无论你是谁，都不要轻易去破坏既有规则，或者试图通过“标新”来立自己的“异”。在职场这个集体里，你以为你是谁？

小贴士：

在职场当中，要牢记一句话：“你以为你是谁？”

职场有其规则，无论你是一个新人，还是一个老人，都要积极地去适应职场里的规则——比如新人要从打杂做起，老人要积极接受单位的奖励等。贸然挑战规则，破坏既定环境的和谐，往往会被大家敬而远之。

坚固的铁饭碗 or 易碎的瓷饭碗

一、破碎的周末

当小花以为工作终于步上正轨的时候，总有那么一些不确定因素，来动摇她刚刚建立起来的信心与快乐。

还记得之前提到过的那个李晓娟吗？本来是老死不相往来的同学，但因为微信这种强大的社交工具，在几个同学的推荐以及几个群的重叠下，小花还是和李晓娟互加了好友。

说来也怪，“仇人”相见，反而更加迫切地想要了解对方的私生活。在加完了好友的半个小时里，小花迅速地翻看了近几年来晓娟的朋友圈，并最终总结出了晓娟的基本生活状态：

已婚，老公长相一般，有娃。

生活在苏北某小城，街道办，工作很闲，见识很短。目前有发福的趋势，但房子的个头儿也和体形一样宽。

小花心想：哼哼，晓娟同学，你不是自称洋气的“伊莎贝拉”吗？现在寄身小城市，打车从城东头跑到西头也不过就半个小时，看你还怎么洋气！看到我在南京，估计你要羡慕死了吧？

其实，在小花得意的同时，晓娟也重复了同样的行为。她翻看了小花的朋友圈，一一放大每张照片的细节，深度推敲小花的工作和情感，然后得出如下结论：

林小花，身材保持得不错，但是没有对象，单身狗！

虽然去了南京，但是没有房子！虽然进了一个很高大上的单位，但总是加班！住所和单位离得不算近，不然怎么总是坐地铁？工资也不会太高，否则怎么连辆车也买不起？

总结过后，晓娟的信心也是满满的：林小花，你拼命蹦跶什么呢？哪有我相夫教子过得舒服啊！

于是，两个从心底都涌起优越感的女人，同时给对方发了微信：“在吗？好久不见啦！”

一场战争算是打响了。

战争高潮一

晓娟：小花，真没想到还能再联系上你！毕业以后我可想你了。哎呀你今天居然有空啊！你平时工作是不是很忙啊？

小花：那当然了，我们杂志的取材来自于世界各地，从北半球到南半球，所有精彩的地方我们都要关注，所有优秀的人物我们都要接触，怎么能不忙？！

晓娟：哎呀！真羡慕你们这些女强人啊！我就不行了，体制内，工作实在悠闲啊！想忙都忙不起来，多加一会儿班领导都怕你累坏了——怕累坏了身体影响社会和谐。

小花：……

战争高潮二

晓娟：小花，你看你身材真好，我就不行，人都胖了。

小花：胖点也蛮好，有福气。

晓娟：是呢，我老公也是这么讲。他说男人虽然嘴上说喜欢瘦的女人，实际上结婚还是想找胖一点儿的。我觉得这话也有道理，不然你看你怎么到现在都没有结婚呢？哎呀哎呀，我失言了，不好意思啊。

小花（微信打字，你失言了删除不就行了？还故意放出来，这摆明了就是给我看的啊！）：呵呵，这个可能也因人而异吧，每个男人想法不一样。南京这边人的思想比较开明，不流行早婚。早结婚的都是那些学历低、没文化、没抱负的人。

晓娟：不会吧？我认识一个博士，人家在北京呢，更大城市呀！体制内，工作稳定条件优秀，人家也结婚了。

小花：……

战争高潮三

晓娟：我看你加班蛮多的，怎么着也得买辆车啊！不然生活品质上不去。

小花：没钱。（这次小花准备采取消极战略了）

晓娟：没钱？哎呀怎么可能呢！你们可是大企业啊！收益棒棒的呢！不过，我听说企业就是这样，虽然赚钱多，但是分给下属的少。我听人家讲了，企业就是老板出一百块钱雇佣你，一定要你付出一千块钱的努力才罢休。

小花：哦，如果是这样的话，那我老板出的钱足够把我累死了。

晓娟：小花，不是我说你，工作重要，身体也重要，年纪轻轻过劳死的现在有多少啊！

小花（你居然诅咒我早死，我……）：……

晓娟：而且啊，小花，千万不能就看眼前那点儿工资，要看到工资背后的福利。你看我们单位，表面上工资不高，但是医疗啊、养老保险啊，样样都走在企业前面，这些钱加起来，就超过企业不知道多少倍了，人的安全感也更强。

小花：我还年轻，不要那么多安全感。

战争高潮四

晓娟：小花，不能跟你聊了，一会儿我老公就快要回家了。他啊，家离单位近，下班十来分钟就到家。欸？小花，我看你单位离家蛮远的哦。

小花：大城市就是这样。一个南京顶十多个宿迁大（其实小花也不知道是不是这样），要想下班马上就回家，除非是在小城市。在大城市里，是不可能的！

晓娟：唉，所以啊，我就没觉得大城市有什么好。当初毕业的时候，也有好几家大城市的企业给我offer，但我都不想要，坚持跟我老公到小城市里来。小城市多好啊！吃穿用度都便宜，办事都有熟人也方便，尤其是像我和我老公，都进了体制内，铁饭碗捧起来，这才是生活呢。”

小花已经被气得说不出话了。

那天晚上，晓娟华丽地下了线，而小花却被气得吃不下饭。

这个周末，一点儿也不美好。

小贴士：

“自找气受”，是刚毕业年轻人常犯的毛病。大家刚刚做出自己的人生选择，还不能建立起最坚定的人生观，这时候过度去关注与自己价值观相左的人的生活，往往会形成强烈对比，从而产生幻灭，带来意想不到的伤害。要避免出现这种情况，最好的方法就是：走好自己的路，不替别人操闲心。

二、到底要不要去大城市

与晓娟联系过后，小花上火了，急性咽喉炎发作，火辣辣地疼。到了第二天早晨一测体温：妈呀！已经38摄氏度多了！

接下来当然就是去医院。最近的医院离住处有七八千米，只好打车，然而周日的早晨，出游的家庭多得令人发指，车子妥妥地堵在南京著名堵点——卡子门立交上。司机师傅心态倒是好，说：

“得啦得啦，哪天不堵？有什么可急的。”

但小花急，现在烧得头晕眼花不说，而且时间一分一秒过去，医院中午可是要休息的，再折腾一会儿，说不定又得加重成什么样。

透过车窗，小花看到一排一排的汽车码在立交桥上，远处青翠的雨花台透出了一股哀伤。广播里主持人用愉快而机械的声音播报：“微信名为×××的热心听众发来消息，卡子门立交已经红色缓行了，已经红色缓行了。这个地方堵车大家已经见怪不怪了哈，其实像这样的著名堵点还有几处，比如九华山隧道，我有一次开车经过……”

不知道为什么，小花猛然想起了和晓娟的聊天，“哇”的一声就哭了出来。司机师傅本来乐滋滋地听着广播，被小花的这一哭吓得不轻：“哎呀！小潘西（南京方言，意为“小姑娘”）！你怎么了？啊是晕车啦？啊里不舒服啊？啊是哪个小杆子（南京方言，意为“小伙子”）害你失恋啦？”

小花从泪眼里抬起头，发现这位师傅和她爸爸差不多年纪，顿时心生亲切感，于是一把鼻涕一把泪地把自己的情况和师傅说了：独自在大城市生活，没有人照顾，工作很忙也没有混出头，过得惨不说，多年的宿敌倒好像已经活成了人生赢家，现在人家老公孩子热炕头，自己病了堵在路上没人管……

本以为师傅听了这些会劝自己回老家发展，却不承想，这位师傅认真地思考了一会儿，说：“小潘西，我觉得你不能这样想。我女儿，啊，也不错的，现在在美国呢！我有时候想到她和你一样，没有人照顾，也心里揪揪的。但是现在她快乐着呢，因为那是她自己选的。”

就这样，司机师傅给小花讲了他女儿宁宁的故事。

宁宁在南京大学读书，是爹妈的骄傲，爹妈一门心思想要女儿毕业以后留在南京，找个好男人，进入体制内，但是宁宁最后不同意。她说：“我要出国，我读书是为了出去长见识。”

为此，爹妈背负了许多人嘲笑的目光，本来颇为羡慕他们的邻居常常会说：“啊呀，宁宁他爸啊，女儿学习好是好，但是这一走，大洋彼岸的，以后见面都难，养她做什么？”

司机师傅说：“我听人家这样讲，心就揪揪的，觉得生了个不孝女。但宁宁她不是这么说的，她现在在美国，学到了先进的技术，找到了合适的工作，虽然生活很忙，但是过得特别快乐。圣诞节的时候她回来，我都能感觉到，她比以前成长太多了，简直就像换了一个人。我这才觉得，走出你熟悉的地方，增长见识，是有必要的。叔叔我也不会讲什么大道理，但这个理儿我懂，我想你也懂。”

小花止住了哭，呆呆地看着这个师傅。突然间，她有所觉悟了。

没错，像晓娟一样选择回小城的人，确实安逸，但小花在大城市也未必没有自己的快乐。一切有失也有得，每个人永远都要做出最适合自己的选择。

堵车缓解了，司机师傅高兴地“哈哈”了一声，继续开动。小花的心也平静下来，火辣辣的喉咙不再那么难受了。

她心想：哼，至少南京有一样好——我要去的医院，比晓娟那里最好的医院都要先进呢！

不管事实是不是如此，小花再次找回了自信。

小贴士：

关于毕业之后应该去几线城市的问题，一直都是争议的热门。有力推“北上广”者，有力推“小城幸福论”者。其实这种争论完全没有意义。大城市有大城市的机遇和活力，也有大城市的压力与难处；小城市有小城市的安逸与温情，也有小城市的闭塞和局限。无论做出哪一种选择，只要适合自己，就别再纠结。用心做好每件事，开心过好每一天。

三、到底选不选“铁饭碗”

不过，“晓娟效应”并没有那么快结束。

一周以后，小花和好朋友苗苗聊天。提起晓娟，小花略带嘲笑地说：“一个街道办至不至于那么显摆！还‘铁饭碗’呢，哼！”

但苗苗却说：“小花，这可是你的幼稚了。”接着，苗苗向小花分析起了“铁饭碗”的好处。

第一，安全感。稳定性强带来的最大好处就是安全感，而安全感在很大程度上影响一个人的幸福感。如果天天担心饭碗，做人势必不能开心。如果想到未来几十年都有饭吃，恐怕心情立即会好起来。街道办虽然不起眼，但好歹是体制内，最大的好处就是稳定性强，竞争压力小。

苗苗说：“小花，前几天你还跟我讲，你在社里时时有危机感，随时要被超越，压力好大。但是晓娟就不会遇到这样的问题。”

第二，待遇好。虽然体制内的工资并不算高，但是总有一种

“不会饿死”的感觉。收入是持续的、逐步增长的，这就超过了很多企业。

苗苗说：“小花，你记得咱们同学大铭吧？他是做IT的，现在头发都掉光了，拼命着呢！因为他那个行业啊，工资是越来越低，等到40岁如果拼不到管理层，工资就是现在年轻人的1/3了。”

相形之下，绝大多数的体制内不会遇到这样的问题，工龄是比业绩更明显的增长点。

第三，福利好。比如医保、养老保险、公积金，等等。虽然看起来都不起眼，且令人有“这些福利离我远着呢，只要我不生病，没有变老，没有买房，这些都没有用”的错觉。然而，一生当中你肯定会生病、肯定会变老、很大可能要买房，在这个时候，体制内的好处就体现出来了。

一席话把小花说得一愣一愣的。

“苗苗，你怎么替晓娟说话呢？”小花说。

“我不是替她说话，而是我上班一段时间之后，渐渐悟出了这个道理。铁饭碗有铁饭碗的好处。你看你现在，虽然工作光鲜有劲头，但就像捧着一个华而不实的瓷饭碗，一不小心就捧不牢了啊。那个……”

苗苗犹豫了一下又道，“所以我也准备考个事业单位了。”

好朋友也准备投身铁饭碗行列了！这对小花的冲击非常大。挂断电话后，小花内心百转纠结，前几天压下去的火又升起来了：想当年，我可是样样都比晓娟优秀，但是如果入错了行，未来会怎样呢？

难道在职业的选择上，是自己做错了吗？

第二天，小花顶着一双红眼睛去上班，一上午都无精打采的。做人事的瑞秋白了小花一眼："昨晚去挖地沟了？这么没有精神。"

"我不想干了……"也许是和瑞秋熟了，也许是内心的压力实在太大，小花居然把心里话说出来了。

瑞秋冷笑了一下："哦？另有高就也好。我到时候请你吃个离职饭。"

"不是那个意思，瑞秋！"小花急忙摆手，"我的意思是，我……我想考个体制内，也捧上一个铁饭碗。我的好朋友说了，我现在的工作虽然有趣，虽然光鲜，但毕竟是个瓷饭碗。"

本以为瑞秋听了这话会大发雷霆，不承想她不仅没有生气，反而笑了。她喝了一口桌上的小蓝杯咖啡，说："为什么每一代人身上都会上演同样的戏码呢？"

"什么意思？"小花没有听懂。

"我的意思是……你觉得铁饭碗好吗？当年我可是放弃了铁饭碗，特意来捧你口中的瓷饭碗的！"

小花顿时觉得天雷滚滚。

原来，瑞秋曾是一家事业单位的编内人员，虽然本科主修人力资源管理，但由于文字功底好，主要做文字工作，是体制内传说的"笔杆子"。工作确实清闲，单位同事素质也高，待遇也不算太差，但瑞秋总觉得不舒服，总觉得自己的激情在日复一日的公文中被消磨殆尽，自己所学的专业也渐渐生疏。眼看着以往的同学已经晋升为企业中的人力主管，而她每天都要面对一杯绿茶、"红头文件"和沾着油墨的报纸。某一日，瑞秋和老同事们聊天，其中一位

40多岁的阿姨说："我可是非常热爱单位的，如果单位不要我，我都不知道出去能干什么。我会的就是登记和盖章啊！"其他几个老同事也纷纷点头。

瑞秋深受震撼。她知道，虽然现在的单位是多少人羡慕的目标，但是她不想在很多年以后，所会的就是盖章和写公文。于是，瑞秋不顾父母亲友的反对，递交了辞职报告，应聘了她所喜欢的公司，重拾自己的人力资源专业。

"瑞秋，你后悔吗？"小花问。

瑞秋笑了："你觉得我会后悔吗？"

"可是铁饭碗让你换成了瓷饭碗欸。"

"不，你错了。如果你技术不过硬，在企业里你确实只捧了一个容易碎的瓷饭碗，随时可以被替代，远不如铁饭碗好。但如果你技术过硬呢？能力够强呢？那么，你捧的就是一个既华丽美观又结实耐用的瓷饭碗。"

看着瑞秋自信的表情，小花陷入了思考：我，现在捧的到底是什么饭碗呢？

小贴士：

是否选择体制内，是毕业季的年轻人以及毕业很长一段时间的年轻人都会反复思考的问题。其实，不存在绝对好或者坏的选择，体制内的利弊都已经在上文说得很清楚，是否选择，就要看自己的初心。

职场里不得不说的尴尬事

一、迷迷糊糊的尴尬事

工作不是你生活的全部，但通过工作你可以看到世界的全貌。

小花没有想到，她通过“那样”的方式，看到了世界的另一面。

刚入职的时候，佐伊让小花负责通信联络工作，主要是建立一个工作群，向各位中层干部传达会议通知、截稿通知之类的。小花为人热情，在群里发通知总是会附带用一些可爱有趣的表情包。几次通知之后，有位谭姓的中层单独加了小花的微信。他说：“你是新人，我作为老同志，一定要多多照顾你。”

小花受宠若惊。这位谭姓中层已经50多岁了，也算是社里的中坚力量。平时待人接物和气可亲，是小花非常敬重的人。如果这样的“老戏骨”肯指点小花，小花肯定受益不尽。小花急忙送上一个萌萌的微信表情，客气地希望谭老师多指导。谭老师说：“嗯，像你这样虚心好学的年轻人真不多见了。你是自己在南京吗？一个人生活很不容易吧？”

小花顿生共鸣之心，告诉谭老师自己是哪里人，为什么来南京，来南京之后是怎么经常迷路、怎么听不懂方言，又是怎么渐渐习惯吃盐水鸭的……本以为身为中层的谭老师会不耐烦，谁知他相当有耐心，认真地听小花讲，还给小花指导，比如周末应该去哪里走走，哪家的盐水鸭最好吃，鸡鸣汤包的分店总店，买衣服最好去砂之船，等等。

就在小花即将流下感动泪水的时候，谭老师突然说：“说这么多也没有用，不如这个周末我带你走走吧。咱们去石头城公园，再去狮子桥吃饭。”

小花差点就回复一个“好”了，但是，在手指碰触到键盘的瞬间，内心深处女性的警觉觉醒了。她脑海里浮现出自己和谭老师并肩走在公园、面对面吃饭的情景，不知为什么涌起了一种恶心的感觉。

这谭老师……是不是太亲切了点儿？小花犹豫了一会儿，说：“谢谢谭老师，这周末我还有事，就不去了。”

“那下周末呢？也可以的。或者其实不用等周末，工作日晚上下班后一起去走走也是不错的。”

这种异样的热情让小花更加警觉，说：“谭老师，就不麻烦您了，等我有空的时候找几个同学一起走走就行了。您好好陪嫂子吧。”

也许是小花这话说得太直接了，谭老师一下子凶了起来：“你们年轻人就是这么不懂上进！我带你去石头城和狮子桥，是为了让你去玩吗？我是为了教你文化知识！石头城是孙权建城的遗址，是整个南京城的基础，你知道吗？那里有著名的‘鬼脸照镜子’景观，你知道吗？这些都是可以应用到将来工作中的！你如果和你同学去，他们能给你讲人文历史吗？你能学到这些知识吗？”

一席话说得小花哑口无言。

小花想，是不是自己想得太多了？也许对于谭老师来说，约她出去真的是一种工作需要呢？

但是……也不太像吧？毕竟小花并不是谭老师的下属，如果要学习历史知识，佐伊带小花岂不是更合适？小花思来想去，无论如何也不想和谭老师一起出去，于是借口有电话打进来，结束了这次微信聊天。

从那之后，谭老师经常约小花，都是去一些南京的古迹名胜，理由也都冠冕堂皇，类似“这次的古迹之行，我想让你们年轻人好好了解一下，摸摸金陵的脉搏”，再或者是“我认为我需要跟你们年轻人聊聊，了解一下当代年轻人的思想动向，这对咱们杂志社的发展非常有好处”，等等。

但越是这样，小花越觉得不对劲。后来谭老师对小花越来越严厉，字里行间都透露出“小花你这个同志真是不懂事！”的意思，小花既疑又怕，真是不知该如何是好。

透过垂着百叶窗的玻璃，小花看到了隔壁房间里的乔安娜。乔安娜穿着粉蓝色的套装，举手投足之间，形象既清新又美丽。小花真想找乔安娜聊聊，问问她有没有这样的经历，但是……这怎么说得出口呢？

万一谭老师不是那个意思，是自己误会了怎么办?

万一乔安娜不相信，笑话小花自作多情怎么办?

万一乔安娜嘴不严说出去，全社都以为她小花风骚怎么办?

再说了，即使乔安娜与自己同病相怜，她就一定愿意说实话吗?

小花思来想去，拿不定主意。

小贴士:

性骚扰，是职场新人常遇到的尴尬事。这种尴尬往往在于:你无法确定，也不好意思说给别人听。许多职场性骚扰的“老手”就是利用了职场新人的这一弱点，将性骚扰冠以“工作”的名义，看似正当，实则龌龊。所以，每一位职场新人，都要擦亮眼睛，认真甄别。通常情况下，异性非直属上司对员工过分关心，尤其是对生活关心，并私约聚会，存在问题的可能性很大。

二、对他大胆说“不”

如果没有发生后来的事，小花可能会一直迷糊下去。

圣诞节前后，单位组织出差广州，一行八个人，包括小花、乔安娜还有谭老师。由于小花和乔安娜是新人，所以组织、对接、协调等工作都归她们俩，两个人忙得不亦乐乎。

八个人出差有点小尴尬。打车的时候，一车坐四个人，正好坐得满满的。这时候如何分配座位就是个大问题了。谭老师一直紧跟着小花，当小花因为分座位而焦头烂额的时候，他大度地说：“我坐后排！”

职场人都知道，在四个人挤一车的时候，副驾驶的座位相当于是VIP，后排三个人也有重要程度的区分，通常最不起眼的那个人应该坐在后排的中间位置。乔安娜和小花分在两辆车上，都坐在后排中间的位置。

这就意味着：小花，挤在中间位置，左手边，就是笑眯眯的谭老师。

刚开车不久，小花就觉得不对劲了。谭老师虽然是正襟危坐，但他的双手是抱在胸前的，右胳膊肘正好抵在小花左胸外侧。小花感觉到对方的肘尖时不时地挤压她的乳房外侧。小花心里一阵恶心，但是又安慰自己：因为车子太挤了啊，你让人家手臂往哪儿放？所以他肯定不是故意的。

于是，小花朝右倾斜了一下。

不到半分钟，胳膊肘又跟了过来。

小花再次倾斜，胳膊肘继续跟进。

后来的情况就是：无论小花如何调整自己的姿势，谭老师都能用各种方式让身体的某个部位接触到小花的身体。在那半个小时的路程里，小花终于明确了半年以来都不能确定的事情：这个谭老师，就是一个色狼！

终于到站，小花急忙跳下车，虽然她没有做错什么事，但却觉得相当不安。回头看看“肇事者”谭老师，人家倒一脸平静，好像什么事也没有发生。

小花委屈极了：凭什么？做错事的不是我，而羞愧气愤尴尬痛苦的却是我！

事情还远远没有结束呢！当晚八人共餐，订了包间，上了白酒。这是小花首次和谭老师等其他部门的人吃饭，本来气氛不错，酒过三巡之后，气氛就变了。

黄段子登场了。

早在入职之前，小花就知道，黄段子是职场酒桌的特色。只要这场上有男人，黄段子就像餐后果盘一样成为必点菜。但小花没有想到的是：黄段子对象并不是男人，而是女人。换言之，并非是酒桌上的几个男人互相讲黄段子玩，而是每个黄段子都针对女性。

几个段子过去，小花和乔安娜的脸色都很不好看。她们都听懂了，可是不知道应该笑还是应该不笑。虽然席上的水晶虾饺、豉汁凤爪、芋头小排等都是小花素日里爱吃的菜，但这时候只觉得难以下咽。

“Flower，这一路上你辛苦了。来，再来点酒！”谭老师端起酒杯，摇摇晃晃地走过来了。小花急忙站起来：“不要不要，谢谢谢谢，不要不要……”

“不要？”谭老师喷着酒气哈哈大笑，“Flower，你太有意思了！你没听过那句话吗？男人不能说‘不行’，女人不能说‘不要’。哈哈哈，我还没怎么你呢，你就‘不要不要’了？”

桌上的其他男性顿时哈哈大笑，目光里全都透露出一种不怀好意。谭老师更是别有用意地把手在小花肩膀上拍了又拍，还轻轻地捏了一下。小花当时就懵了，都没有反应过来谭老师说的是什么意思。

谭老师说："Flower啊，你不喝酒是不是因为和我们不熟啊？也难怪啊，佐伊那个老处女实在管得太严了，以后咱们多零距离接触接触就好了。"

桌上又是一阵大笑。

谭老师的手还在小花的肩膀上，脸又凑到小花跟前，酒气都快要喷到小花的睫毛上了……

就在这个时候，一只手伸过来抓住小花的胳膊，把小花从谭老师身边拖开。

是乔安娜。

乔安娜一脸严肃："谭老师，您喝多了吧？说话失了分寸了！"

"你在说什么？失了什么分寸？我不过是和Flower……"

"您和Flower没有什么，您和Flower是同事关系。既然今天是工作餐，我们也都吃好了，先回去休息了。您自便吧！"

然后，乔安娜像个女英雄一样，拉着小花离开了。

一直到了珠江边上，听到阵阵的汽笛声，小花才回过神来。看着身边一脸气愤的乔安娜，小花说不出地愧疚："对不起……因为我，你得罪了谭老师。"

"那种人渣，得罪就得罪了。反正我早就得罪他了。"

"啊？"

"你没遇过？刚来的时候他约我出去谈工作，半夜，去电影院谈！我脑子坏了跟他去谈？他当时就生气了，说我不识抬举，工作的事情都不积极。"乔安娜冷笑了一下。

"那你怎么回答的啊？"小花急忙问。

“我说，‘好啊，工作的事儿当然想要谈。要不这样吧，谭老师，咱们也别去什么电影院了，就直接到您家里去谈吧，当着嫂夫人的面谈！’”

小花顿时就被乔安娜逗乐了，由衷地钦佩这个敢说敢做敢拒绝的姑娘。

“我要是像你就好了。我已经被纠缠好久了，还被吃了豆腐，但是从没想过像你这样敢于反抗。你就不怕他过后报复？”小花问。

乔安娜拍了拍小花的肩膀说：“如果被骚扰了还害怕报复而不敢反抗，那你这一辈子就注定要吃亏了。今天的事情，其实反而没关系。这些男人就是看准了你不敢声张才欺负你。你如果刚硬一点儿，他倒是怕你闹出去让他老脸没地方放呢！不信啊，你等着看。”

事实正如乔安娜所料的那样，第二天早晨，“船过水无痕”，大家一样的和气，一样的敷衍，一样的笑脸逢迎。唯一变化的是：小花再次坐在谭老师身边的时候，那个讨厌的胳膊肘没有再凑过来。

小贴士：

面对职场性骚扰，应该怎么办？这是很多年轻人不想面对却又不得不面对的尴尬问题。实际上，所有的职场性骚扰，都有一条“万变不离其宗”的解决方法：果断拒绝。除非你是倾世面容的美人，否则绝大多数性骚扰者都是在试探，先期是语言，后期是动作，一旦遭到明确回绝，往往就会自动停止。所以，请勇敢地对职场性骚扰说“不！”。

三、请用法律的手段保护自己

这个尴尬的故事，还有后续。

某日下班，同事莉莉的老公打上门来。一时间全杂志社的冷脸都化身为八卦小天使，所有人看似在工作，实际上都在侧耳听个究竟。

小花虽然笨，但很快就听明白了：莉莉的老公发现单位一个姓谭的总是发暧昧短信给莉莉，他怀疑二人有染，就打上门来。但姓谭的非常幸运，那天出去跑业务了，恰好不在。

莉莉捂着脸大哭，说自己和谭老师什么也没有，完全是对方单方面的骚扰。而莉莉的老公回应很强硬："'苍蝇不叮无缝的蛋'！如果不是你骚，那老东西非得找你？"

小花不由自主地站起来了。虽然平时与莉莉的接触不多，但小花觉得她是个好女人，绝不会和谭老师勾三搭四的。而且莉莉老公的话也太失偏颇了，小花不是"有缝的蛋"，乔安娜也不是，不都受到了谭老师的伤害吗？

就在这个时候，乔安娜冲出去了，一步挡在莉莉和她老公中间。乔安娜的气场全开："什么叫'有缝的蛋'？那个姓谭的，全社所有年轻女人几乎都被他纠缠过。这能怪莉莉吗？"

莉莉老公本来气势汹汹，却被乔安娜彻底吓住了。这时候，几个部门的主管都走过来，个个都讲莉莉的好话，同时也传达出这样一个信息：莉莉是被骚扰，但不关莉莉的事。

那天的事情特别混乱，小花也记不清莉莉是怎么跟着她老公走出杂志社的。但小花可以确定的是，夫妻二人的感情以及莉莉在社里的形象，都受到了伤害。

而那个姓谭的，却像什么事也没有发生一样，毫发无伤。

过了半个月，莉莉辞职了。交辞呈那天，大家都很难过，但面对容颜憔悴的莉莉，想劝却也无从劝起。最后小花听到莉莉说了这么一句话："当初我就应该告他。"

这句"当初……"，让小花这个学中文的女孩品读出一个信息：莉莉还是不会告那个姓谭的。但是话说回来，当姓谭的疯狂地发暧昧短信时，早点用法律手段来解决这个问题，是不是会更好？

小贴士：

当拒绝并不能阻止某些人的进攻时，法律手段应当成为保护自己的武器。近年来，随着大家思想的进一步解放，职场性骚扰已经不是那么难以启齿的话题，法律也会提供相应的保护。年轻人在遇到此类问题时，不要害怕，更不要感到羞耻，要坚信"错的不是你"，同时不能一味地叫苦叫冤，应积极搜集证据（短信、微信等静态证据，或者录音、录像等动态证据），相信人间自有公道。

每个人都能成为“薛宝钗”

一、我想做到人见人爱

冬去春来，转眼间林小花的试用期满。小花信心满满，相信自己一定会被留下来，但是……她也有那么一点儿小担心。

小花是个要强的孩子，她想要的不仅是“被留下来”，还有“被重用”。但是同期入职的八个人当中，小花并不是最优秀的，隔壁办公室的乔安娜，才是最出类拔萃的那个。

虽然自从上次的尴尬事件后，小花和乔安娜的关系很不错，但是一想到未来的晋升和提拔，总是控制不住地会对乔安娜产生敌意。每次佐伊或者瑞秋一表扬乔安娜，小花心里总是抑制不住地冒酸泡。

到底怎样才能超过乔安娜呢？小花认真地思考这个问题：拼气质外表，肯定是拼不过的；拼能力，短期内也不太容易提升；拼勤奋吃苦，自己已经到极限了，没有什么上升空间。那么……

小花想到了：拼人际！

小花虽然不够美貌出众，但生就一张亲切的脸，还有热情的性格。小花顿时想到了《红楼梦》里的史湘云，如果自己能够像她一样左右逢源，岂不是就能超过冰冷美人乔安娜了？

于是，小花开始了人际关系的实验，总体上是分这么几步走的。

一是和同事多聊天。以前午休茶歇时间，小花喜欢坐在座位上逛淘宝，现在小花改变啦，一有空闲就到茶水间去，一边喝着热茶或热咖啡，一边和同事们聊家常，拉近关系。

二是多给同事们帮忙。以前小花只扫自家门前雪，别人有困难是轻易不伸出援手的，但是现在，只要谁有什么困难需要帮助，小花第一时间就出手相助，力求留下一个“活雷锋”的形象。

三是多陪大家聚会。为了保持身材小花一直控制饮食，所以不爱参加吃喝聚会，但现在为了处好人际关系，同事之间的聚会她都会积极参加，一起去吃吃喝喝，偶尔也会抢着埋单，为的就是和大家打成一片，让大家觉得她是实打实的“自己人”。

小花想，这样做一定能够成为人际关系达人吧？

然而……

转正期前，瑞秋照例要找每名试用生谈话。轮到小花的时候，她实在是信心满满：刚入职时瑞秋对我很是严格，也对我不是特别看好，如今应该是士别三日，刮目看我林小花了吧？

“Flower，你坐。”瑞秋一如既往的严肃脸，“首先我肯定你这段时间的工作成绩，佐伊也认为你扎实肯干，有一定的潜力。这些表扬的话我不多说了。作为招你入职的HR，我想说的是，你的人际问题要注意一点。”

“啊……啊？”小花一阵发懵，感觉这也不像是表扬啊？！

“说白了就是，你和同事之间的距离要保持好。很多同事都反映，你现在有点讨厌，事事都往前凑，对同事的私生活关注过度，太八卦，令人感觉不适。我记得你以前不是这样的人，现在这是怎么了？最近感情不顺？”

小花的脸“通”一下红了。她没想到，自己这段时间的积极努力、花钱买醉，居然得到了这么一个评价！问题出在哪儿呢？

小贴士：

“君子之交淡如水。”这句话用在职场上再合适不过了。刚刚毕业的大学生，深受校园生活的影响，总认为“关心对方、拉近关系、共同玩乐”是处好同事人际关系的快捷方式，殊不知这是南辕北辙的努力方式。朋友是由于爱好、感情等因素形成的聚合体，同事则是由于利益因素形成的聚合体，这就导致同事是一种不同于朋友的人际群体。虽然每天有大量时间交集，但彼此均保留着足够的私人空间，不能轻易分享秘密。过度侵入不仅不能表现友好，反而令人厌烦，让人防范甚至敌视。

二、做人要做“薛宝钗”

听了瑞秋的话，小花羞得真想立马收拾东西主动走人。但是，这十个月的工作磨炼并不是闹着玩的，她也已经成熟了许多。

小花低声说："瑞秋，希望你教教我。"

"教你什么？"

"我不知道怎么才能让大家都喜欢我，所以我才这样努力和同事打成一片，却不承想……"小花说到这里，感觉到了深深的委屈，差点流出眼泪来。

瑞秋叹了一口气："Flower，我看你桌上总摆着一本《红楼梦》，想来你很喜欢读吧？你告诉我，最喜欢书中的谁？"

"史湘云！"小花不假思索地说，"她爱说爱笑，热情开朗，身体好，吃嘛嘛香，人人都喜欢她！我一直想成为像她那样的人！"

瑞秋叹了一口气："你这个学文科的，《红楼梦》却没有读透啊！如果你仔细品读一下，会发现史湘云做人是很失败的。一开始，她受贾母的喜爱，受宝玉的喜爱，但是后来呢？贾母不主动接她来玩，宝玉起诗社也想不起她，需要她一再要求'记得来接我'，才有人接她到大观园来。这说明什么？说明看似热情开朗的她，越来越不受大家的欢迎了。"

"那我……应该学谁？"小花问。

"薛宝钗。"

"别提薛宝钗！她最虚伪了！最不喜欢她了！"小花叫了起来。

瑞秋摆了摆手："从爱情角度来看，宝钗当然不讨人喜欢，但是对于职场来说，宝钗的性格却是最有可取之处。宝钗的具体做法就是三句话——对上司要巧，对同事要稳，对敌人要笑。"

然后，做人事的瑞秋，就通过薛宝钗的例子，给小花结结实实上了一课。

对上司要巧。这里的“巧”，一是在上司面前乖巧、听话，表现尊敬。这一点入职的年轻人都懂，也都能表面上做好。但“巧”还有一种内涵就是讨好，这点能做好的人就很少了。而薛宝钗就是个成功的例子。

还记得贾母给薛宝钗过生日并让她点戏文的事儿吗？薛宝钗当即就点了热闹的戏文，挑了甜烂的食物。这戏、这点心都是贾母喜欢的，贾母当然高兴。讨了贾母的高兴，又不落痕迹，这就是巧。还有王夫人需要人参而偏偏家中没有的时候，这场面本来很尴尬，但宝钗几句话就给化解了，说是人参就应该是送出去救人的，咱们家里之所以没有，就是因为拿出去救人了，不像那些小家子气的人，弄到几枝人参就珍藏密敛的。几句话就把王夫人的窘迫给化解了，还给王夫人戴上了一顶高帽子，这就是巧妙地给领导台阶下。如果你能够在上司得意的时候不动声色地捧一把，上司失意的时候巧妙地给他台阶下，那么与上司的关系就不难处了。

对同事要稳。这里的“稳”，一是指不能生气翻脸，制造矛盾。宝钗平时在大观园里也没少与人磕碰，但无论是黛玉给她气受，还是宝玉笑她体胖，她都没有与人直接冲突——当时不翻脸，过后也就好相见。二是指关系要恰到好处地疏远。虽然宝钗久存了嫁入贾府的心，但一直与贾府姐妹们保持着恰到好处的关系，一旦涉及贾府内部的私人事务，她绝不干涉，首先避嫌。这点从查抄大观园之后她主动要求搬出去的表现，就能看出她的聪明来。如果你能做到与同事都和气，却又不过分侵入对方的隐私，绝大多数的同事都不会讨厌你。

对敌人要笑。人生在世，谁没有几个敌人呢？对敌人又撕又打在职场里可行不通，所以如何对付敌人，还是得学宝钗。你看，她最大的敌人就是黛玉，但宝钗是怎么对黛玉的？当黛玉脱口而出《西厢记》的时候，她好言好语地劝说她；当黛玉要吃燕窝又不好意思朝家里要的时候，她托人每天送过去。起初黛玉是很不喜欢宝钗的，但是后来，不也被宝钗收服了？直到最后宝玉娶了宝钗，黛玉也没有恨过宝钗。这才是对敌人的最好态度——表面是笑，内里是斗，不动声色，走到最后。

小花可是听得眼睛都直了。瑞秋笑了一下："去吧，回去好好想想，希望过几天能够看到一个脱胎换骨的你。"

小花直挺挺地站起来就往门外走，在即将开门的时候，她突然想起什么："瑞秋，你为什么对我这么好？给我讲这么多本不应该讲的道理。"

瑞秋给自己的茶杯里加了几朵干玫瑰，笑了笑："那是因为……我也是个'红迷'，而我以前最喜欢的，也是史湘云。"

小贴士：

职场人际就是一个大观园，想要顺利生存，就要学做薛宝钗一样的人。对上司既能不动声色地捧一把，又能巧妙地给台阶下；对同事和和气气不闹矛盾，亲亲热热又保持距离；对敌人要不动声色，避免冲突，化敌为友。这样的道行，需要年轻人用许多年的时间慢慢磨炼。

三、没必要做 No.1

按照瑞秋的指点，小花重新经营自己的人际关系，试图把自己想象成一个稳重大方的薛宝钗。

但是，对于小花来说，还是有个心结放不下。这个心结就是乔安娜。

正如瑞秋说的，人生在世谁没有个敌人呢？在小花看来，乔安娜就是那个“不小心”成为她敌人的人。虽然乔安娜对小花很不错，但由于同期入职、利益冲突，再加上同事和领导们总是把她俩放在一起比较，时间长了，自然就成为了她的假想敌。

小花真的很想超过乔安娜。

于是，小花开始格外关注乔安娜的工作、生活。乔安娜打电话联系业务，她也打电话联系业务。乔安娜办卡健身，她也办卡健身。乔安娜加班工作，她也加班工作。哪怕是乔安娜买了一只LAMY的钢笔，小花也忙不迭地去买一支，找“神笔护体”的感觉。

时间长了，小花觉得好累啊！

某一日，小花又在那里打电话催稿，佐伊突然爆发了：“林小花！你在干什么？”

“我我我……”按照小花的经验，当佐伊连名带姓地称呼自己时，往往就是怒不可遏时。“我在打电话催几篇稿子。”小花急忙解释。

“那几个人昨天你就打过电话了，人家都说本周末交稿了。都是我们的老撰稿人了，说什么时候交稿就会交的，你今天需要再催吗？最近也不知道你中了什么魔，就是爱打电话，自己手里的稿子编了吗？今年夏天的《鸡头米》专版你不是还承担了一篇稿子吗？动笔了吗？杂志提前半年就要排，你不知道吗？”

小花被佐伊一连串的质问震得回答不上来。佐伊气得翻了一个白眼，“真搞不懂！你到底是搞文字的，还是搞营销的？”然后就再也不理小花了。

“你到底是搞文字的，还是搞营销的？”这句话让小花彻底醒过来：是啊，我到底在干什么？一味地照着乔安娜去学，却完全忽略了自身的工作性质以及优势；为了学乔安娜，我放松了原本健康的工作节奏，这真的值吗？

而且一味地把乔安娜当作假想敌，这真的值吗？

小花突然想起了那天人事部瑞秋的话，要学做一个薛宝钗。也许，要学的不仅是对上司的巧、对同事的稳、对敌人的笑，还有重要的一点：服软。

小花翻了翻桌上的《红楼梦》，就正好翻到了那一页。宝玉半夜梦见了黛玉，把这梦告诉了作为妻子的宝钗。按照常理，宝钗应该上演“大泼醋”，但是她没有，她放纵宝玉去做梦，默默地向黛玉服了软——行了，我知道他爱你，我服了，我退让，可是那又怎么样呢？

小花突然对“敌人”这个词有了更深的领悟。

其实在职场上，很多敌人都不存在，全都是个人臆想的产物。

如果把每个比自己优秀的人都当作敌人，那么每日的工作内容就是与人争斗，而非自我的进步。倒不如放松一步，抹去这些敌人的标签，做好自己就行了。

小花抬起头，正好看到隔壁的乔安娜意气风发地买了咖啡进来。小花在心底赞叹：其实她真的很优秀啊，我又何必非要和她拼呢？林小花，你做好自己就行了，没有必要非去争那个No.1。

也许到了年底，乔安娜会因为优秀的营销成果而受到嘉奖。那么林小花，你又为何不能因为独到的文笔而得到赏识呢？

退一步，大家都有路。

小贴士：

年轻人初入职场，血气方刚，喜欢树立“假想敌”概念。这一概念虽然能够激励起斗志，但这么做，却并非科学的工作态度。“人外有人，天外有天”，遇到比自己优秀的人，要学着退让，学会服软。扬长避短，发挥优势，自我成长，才是年轻人行走职场的正确法则。

辑二

房子的困难，“房”不胜“防”

不管你信还是不信，小花的人生障碍其实是从房子开始的。

城市新人合租的那些事儿

一、城市这么大，何处是我家

说完了小花的工作，我们要谈谈小花的安身问题了。

与绝大多数“同城就业”（即所读大学与所工作单位在同一个城市）的毕业生不同，小花在“找房”方面难度要大得多。一是不了解城市地段，二是没有足够的时间，毕竟毕业后立即就要工作，找房的时间都是挤出来的。

初到南京，小花手忙脚乱，她选择了一种比较省事的方式——租住酒店公寓。

这种租房模式，小花早就在电视剧里了解过，租金比一般旅客的房间费用要便宜得多，但租客基本可以享受与酒店同样的房型和安全性。对于小花这种既怕坏人又不想过分降低生活标准的年轻姑娘来说，酒店公寓简直就是天堂。

在南京，这类酒店公寓有很多。小花用一天的时间，跑了七八家酒店公寓，大致总结出了几种常见的模式：

第一类是酒店包房制，代表模式是布丁酒店。一个房间包给你，水电费全免，无物业费，每日有阿姨打扫卫生，一切都和住酒店一样，只是按月结钱。

第二类是酒店外包制，代表模式是与如家酒店合作的青巢公寓。如家酒店将某一层外包给青巢公司，不再负责打扫卫生，只负责垃圾处理和安全监控。入住后要自交宽带、物业及水电费，洗衣、打扫卫生均要收钱。

第三类是纯出租的酒店式公寓。这类公寓说是“酒店式”，实际上与酒店业务没什么联系，就是单身公寓，由公寓管家一间间租出去。这种单身公寓近几年崛起很快，代表模式有南京的魔方、未来域，等等。

这三类酒店公寓的价格依次递减。小花摸了摸自己的口袋，决定选择中间那个档位的。目标位置在七里街，向南走走就是东水关花园，小花拖着行李箱搬到这里的时候，脱口而出：“哇！真是棒呆了！我居然在秦淮河边有了一个家！”

但是，小花太天真了。

收到首月账单后，小花傻眼了。房租确实与议定价格无出入，但是……水电和物业费却超乎想象地高！小花这才意识到，住酒店公寓最大的问题就是商水商电（基本上是普通民用水电费用的2倍及以上）。平时在家里，小花娇生惯养，从不交水电费，也不觉得几毛钱一度的电和几块钱一吨的自来水会成为生活的负担。可是如今，当小花拿到近800元的账单时才知道：日常小消费也会积少成多，必须精打细算。

入住时间久了，小花发现生活成本还不止于此。一是吃饭问题，酒店公寓里大多不能开火做饭，均以电磁炉为主，所以可做的菜式就非常有限，而出去吃饭又会造成一个巨大的经济负担；二是冷暖问题，由于房间的前身是酒店，所以保暖防寒都不如民宅。入住之后小花才发现，即使把空调开到最高，外面的空气还是会拼命与室内的空气循环，高电费也没能换来一丝丝清凉。

所以，酒店公寓，短期入住很便捷，但是，想要过稳定的生活，几乎是不可能的。

小花住到一季度期满，就拎着箱子逃走了。而这个时候，小花已经比同时期租普通民居的同事，多花了许多钱。

小贴士：

酒店公寓安全性高、管理专业化、房内设备也较完整，通常还配备破损包修的业务，是初来异地求职、经济条件允许的年轻人的首选。但是，从成本和生活稳定性的角度来讲，酒店公寓不适合长期居住。

二、假房源，你深深伤害了我

酒店公寓尝试失败后，小花决定不再标新立异，她要和绝大多数年轻人一样：合租！别人都能租到好房子，那么我也能！

但是，事实证明，小花又天真了。

抽出工作空闲的时间，小花开始在互联网上浏览房源。没想到好房子还很多！很多楼层、户型装修都棒棒的！小花一边大呼“哎呀，怎么早没有上网看房源！”，一边兴冲冲地给网页上所留的中介打电话。

中介非常热情：“你好你好！很高兴您给我打电话！是的是的，我们房源很多！您看中的是哪套房？我看看……啊……太不巧了！刚被人租出去了！”

小花狠狠地掐了自己一把：居然与这样的好机会擦肩而过！

但中介立即拯救了失落的小花：“您别灰心啊！这个小区啊，我手头还有几套房子，都挺不错！，您要不要来看看？”

“那是当然！”小花叫道。

于是，小花就陷入了一个看房的怪圈里。中介虽然说带小花看“和那房子差不多的好房子”，但所有房子都惨不忍睹，浪费了小花的很多时间。小花气吼吼地和这个中介说再见，又上网找了一个好房源，拨打电话之后，依旧是同样的说辞：“您说哪套房子啊？是不是三楼那个？我查查。真是太不巧了，刚刚有人签约了，但是没关系，这个小区还有几套也非常合适，您什么时候有空来看看吧！”

小花不断请假跟着中介去看房，看了一套又一套，却没有一个能够达到网页上的标准，小花甚至都怀疑自己是不是遇到了一个假中介。这时候，中介说：“小妹妹，我实话劝你，那样的好房子真的不多，可遇不可求。这几天我带你看的房子，还不能说明问题吗？年轻人嘛，要求也不能太高，你平时在房间里待着的时间也不多，所以房子差不多就得了！”

此时的小花因为连续请假看房，已经心神俱疲，不得不在失落与迷茫中，租下了一套与预期完全不符的房子。

后来的几天，小花一直在哀叹自己命运不济，总是与好房子失之交臂。直到同事凯西曝光了一件事：“哎呀，我跟你们说，现在租房子套路可多了呢！我外甥女在上海，租房就被骗了！”

凯西说的这种“被骗”主要指虚假房源。中介会在网站上放出非常诱人的房源，吸引客户给他们拨打电话，然后告知“网站上那套房子恰好被租出去了，你再来看看其他的吧”，从而锁定一个目标客户。实际上那种性价比高的房源是不存在的，中介会带着客户看很多性价比低的房子，成功地使客户陷入租房疲劳期，于是就可以做成这笔生意。

凯西说：“你们别不信，我外甥女看中的一套房和她同事看中的那套房，完全不在一个小区，但是图片却一模一样，这不是假房源又是什么？”

其他同事都在感慨人心不古，小花如梦方醒。回想起自己那个既阴暗又破旧的小房子，小花终于意识到：自己就是掉进了假房源的陷阱。

小贴士：

放眼如今的租房网站（除房屋中介专用网站），假房源比例很高。那么，如何避免虚假房源对自己的干扰呢？首先，年轻人在租房前要端正心态，天上不会掉馅饼，相信市场“一分价钱一分货”的规律，看到性价比过分高的房源，心里要多打几个问号；第二，在看房前，向中介索取房屋实拍图，无实拍图不要轻易去看房，从而可以规避很多中介用无效房麻痹和疲劳客户。

三、租房如历险，不试不知道

虽然小花对生活的要求不高，但是作为一名文字工作者，她对书桌的要求却很高。

现在这个房子，室内阴暗狭小，室外纷乱吵闹，连一张可供写作的书桌也没有。小花无论如何也忍不下去，宁愿舍弃押金，也要搬出去。小花安慰自己：“这钱就当交学费了！总得吃一堑才能长一智嘛！下一次，我肯定能找到心仪的房子！”

可是事实再一次证明了小花的天真。

这次小花学乖了，不再相信网页上的虚假房源，尝试去寻找一家可靠的大型中介。看房前会要求看中介的从业资格证、看房源的实拍图，但凡房子有一点信息不清楚的地方，小花都不会去看房。看房时，还会问清水电的价格，听清房租缴纳方式，摸清家电家具损耗情况……

小花想，这次的房子，我一定满意。

然而，小花忽略了合租当中最重要的一个因素——人。

有句文艺的话怎么说？“房子不重要，重要的是房子里的人。”当房子里的人不合适的时候，什么都不合适。同住的姑娘叫梦梦，是一名自由职业者，每天生活极不规律，与小花的作息时间产生了明显冲突。晚上，当小花忙碌一天准备好好睡个觉的时候，梦梦突然冲到客厅里来，收拾出一个角落，化上浓妆，放着音乐，开始直播自己的货品了。直播一直持续到半夜，不时还传来“谢谢小姐姐下单，祝你越来越美丽！”“今天真是大放血了，真的欸！”的尖叫声。小花自认为睡眠质量比较好，但也抵不过梦梦高分贝的嗲叫和音乐的冲击。

小花找梦梦沟通，但梦梦却说：“啊？为什么你要我适应你的作息？你的作息是为了工作，半夜直播也是我的工作啊！难道我的工作比你的工作低贱吗？为什么要我迁就你呢？”

小花恨自己嘴拙，居然无言以对。

除了时间上的冲突，小花还发现：梦梦的卫生习惯也有问题。两个人共用厨房，除了把自己的餐具洗净之外，弄脏的洗手池、桌台，梦梦是绝对不清理的。客厅的公共空间也到处堆满了梦梦的东西。有时候，小花看地板上头发太多，邀请梦梦一同打扫卫生，梦梦却说：“你也是长头发，我也是长头发，这些头发说不准是谁掉的呢，凭什么要我打扫？”

“我不是让你自己打扫，我的意思是我们俩一起打扫。你总不能说你一根头发都不掉吧？那违反自然规律的。”小花客气地说。

“哦，就算我掉了，那又怎么样？我看着很习惯啊！你看不惯你就打扫，我才不管呢！”梦梦反身就锁上了房间的门。

如果仅仅是这样，小花也就忍了，除此之外，小花还发现梦梦的手脚不干净。放在冰箱里的食物，放在卫生间的洗化用品，梦梦都是说用就用，不仅用，还拿走。小花下了好大决心才买的兰蔻化妆水，一转眼就少了半瓶。

小花拿着瓶子欲哭无泪。她想起大学时期看《爱情公寓》时，万分羡慕与其他年轻人合租的生活，以为怀抱着同样梦想、有同样价值观的年轻人住在一起会成为朋友。却不承想，生活不是爱情公寓。

更麻烦的问题是，如果小花以舍友不合适为名退租，房东是不会给予任何补偿的，押金也会损失。为此，小花也纠结过是否要退租——毕竟工作不到一年，房子已经换了不少，其间产生的额外费用已经给小花造成很大的经济压力了。

但是，当小花把目光看向书桌的时候，一个信念支撑了她：虽然损失了金钱，但节省下来的时间却可以享受生活。不能为了这点儿钱，把生活抛在痛苦的境遇里。

当晚，小花把梦梦拉出来，破口大骂一阵，解了一个多月的怨气，然后华丽丽地退了租。

小贴士：

合租，非常考验人性。如果想要成功地合租，最好能够“先找人，再找房”，即找到志同道合的、性格投缘的朋友或者同事，两人一起去找合适的租房。这种模式可以规避合租人带来的风险，未来生活的幸福感也会比较高。若没有这样的条件，只能与陌生人合租，则先要了解对方的身份与职业、生活习惯、宗教信仰等一切可能关系到生活质量的问题，此外单身女孩尽量不要与异性合租。

四、谢谢你，难找的房子

租房让小花伤透了心，不承想，像她一样的伤心人，还真不少。

周末加班时，小花在茶水间泡咖啡，恰好听到新人莎拉和贝蒂的聊天。

莎拉说："天啊！今天居然还要加班，我真恨不得马上回家。我的房子要到期了，可是一直都没有租到合意的。"

"到期了？我记得你的房子是刚租的。"贝蒂说。

"是啊，是刚租的，但是，你不知道我那个房东有多可怕。她保留了我房间的钥匙，隔三岔五就跑到我房间里来，嫌我弄脏了地板不收拾，嫌我不爱惜她的冰箱……我感觉我不仅是租了个房子，还附带租回了一个管家婆！"

"你那个算什么！"贝蒂把杯子一搁，愤怒地说，"好歹你那个房东是个女性，我上次租房，大晚上一个人去看房，房东那个大叔就对我动手动脚的，幸好我跑得快，否则差点就被吃了豆腐！"

"唉……租房真难。"

"唉……可不是嘛。"

小花突然释然了。原来，在租房这件事上，难的不仅是她，还有很多和她一样的年轻人。回家之后，小花认真地把自己租房以来的心得整理成一篇笔记。写完最后一个字，小花觉得：虽然租房很痛苦，好房子很难找，但在这“斗房”的阶段里，自己确实获得了飞快的成长。看清了世情冷暖，也进一步认识到幸福的生活是需要付出艰辛努力的。

“谢谢你，难找的房子。”小花说。

小贴士：

租房易，租好房难。如何租到一处好房子，是每个无房年轻人都会面临的问题。切不可因为受挫而失去对生活的信心，其实在租房过程中，我们可以学到很多知识、提升很多技能的。更为重要的是：房子是租来的，但生活不是租来的，在出租屋里也有权独立与自我，也有权幸福与快乐。

涨价，是一种人生激励

一、整租，独立生活的第一步

小花虽非生于大富之家，但从小并未为房子问题伤过脑筋，也从来没有想过：一套房子会催生出无数的费用——水、电、燃气、物业、垃圾全都要收费，不时还会出现这儿堵了、那儿坏了的小问题，找个工人上门修理，起价就要50元……

有时候，小花想：如果说工作给了我50%的落差感，那么房子，就是给了我100%的冲击！

小花也曾想过糊弄糊弄，找个便宜的房子搪塞一下，毕竟年轻人嘛，省钱才是硬道理。但是某天晚上，大家都收拾下班，小花坐在公司不想离开，她突然觉得非常失落。

“你怎么还不回家？”佐伊问。

“我……我等会儿再回去，手头还有点儿事没有忙完。”小花说。

“哦，那你加油。我可要回家做个奶汁烤菜吃，这几天太伤脑，需要补补。”佐伊露出了难得的笑容。

小花看着佐伊一步三摇的背影，羡慕得无以复加。佐伊多好啊，有个好的房子，有可以做烤菜的厨房，有可以安静享受生活的读书角和大飘窗，而自己呢？回家不是发了霉的屋顶，就是吵死人的合租女生……小花越想越失落。

“哎？你也没回家啊？”这时候，贝蒂探过头来。

“哦哦……我有点事儿没忙完，想着不如吃个外卖，弄完了再回去。贝蒂，你也在忙吧？”小花急忙问。

“我？我不忙。”贝蒂是美编组的，她的工作特征就是忙的时候超忙，闲的时候超闲。贝蒂拿着一个苹果，扭着腰身走进小花的办公室，“我是不想回家。我租的那个房子，还不如单位舒服呢。”

小花一下子找到了共鸣：“是吗？你的房子也不好？”

“什么叫‘也’？你的房子也不好吗？不过肯定比我强。我跟你说，我恨不得只有睡觉的时候回去，平时真不想看那个又破又小的出租屋。厨房、洗手间都脏且旧，墙壁会掉皮，还有蟑螂。”

小花觉得贝蒂说出了自己的心声，于是也推心置腹起来：“贝蒂，我有时候觉得特别幻灭，如果我租的房子连我自己都不想回去，我为什么要花这份钱呢？”

“这不是为了生存嘛。”

“可是，生存不应该是这种质量啊！”

“唉，你就是文艺腔儿。我就没有那么多想法，凑合凑合过得了。”贝蒂这时候已经啃完了苹果，觉得和小花话不投机，于是就扭着腰身又走了。而小花的内心，却久久不能平静。

那天，在安静的办公室里，小花思考了很久。她承认自己不富有，不应该在住宿上花费太多，但是她认为：自己独身闯荡生活，就是为了过更好的日子，如今忍受没有质量、有家难回的日子，是一种消极的生活态度。

也就是在那个晚上，小花下定了决心：我要换房子！换一个我合意的房子！可能对我来说，新房子会成为经济上的负担，但我可以努力赚钱。开源远胜于节流！

在小花抛弃那个叫梦梦的合租伙伴半个月后，她住进了心仪的房子。这一次可是整租，再也不需要迁就别人，生活完全掌握在自己手中。

新居位于大光路附近，虽然也是20世纪90年代的旧屋，但近几年装修过，墙壁、地板焕然一新。最让小花心仪的是，朝南的房子里，有一张大大的书桌。迁居那天，阳光正好洒在那张白色的书桌上，小花的心都暖化了。

小花对自己说：虽然房子让我很痛苦，但我有权利追求我想要的生活。

把行李简单收拾一下，小花就坐下来开始算账：

目前月收入6200元。

房租3000元。

基本生活费用（水、电、燃气）等约200元。

交通费用约200元。

食品费用（早、午饭单位解决。搬入新居小花想要减少外卖量，晚饭经常自己做饭吃，可以节省一些）约1000元。

应酬费用（时时有聚餐或者同学来玩之类的）600元。

小花粗略一算，哎呀妈呀！还没有算上服装费和话费等，就只剩1200元了！更别说储蓄了！

也就是说，当小花选择了这样一个宜居的整租房时，就意味着现在的收入不能够满足基本的生活需求。但如果要小花放弃这洒满阳光的书桌而继续回到小合租屋去，她又一百个不愿意。

生活的享受是自己的，那么付出也一定要由自己承担。小花用手抚摸着这张书桌，制订了一个新的计划——

长期目标：

（1）认真工作，争取年底评上优秀员工，这样可以拿到2万元左右的奖金。

（2）脚踏实地，争取明年可以加薪。

短期目标：

（1）抛弃之前的懒惰，充分利用好书桌。争取在集团内部每个月都刊登一篇稿子，赚取稿费。

（2）上网搜索约稿信息，发扬大学时期卖稿赚钱的优良传统，努力赚取外快。

（3）向已经在出版社工作的几个同学了解一下，是否有校对、翻译等工作可以兼职。

看着自己列出的计划，小花长呼了一口气。她不仅没有感觉到压力，反而感觉到满满的动力。生活往往就是如此，太平静、无抗争且灰暗无色的生活，催生的只有肥肉，没有斗志。

当天晚上，小花认真地联系了所有在出版社工作的同学，终于找到了一份校对的工作和一份童书翻译工作。同学说："小花，这事儿可挺辛苦的。你下班后的休息时间都要被占用了，你能行吗？"

如果在以前，小花一定会犹豫，觉得更想出去吃喝玩乐，但是现在她坚定地说："能行！你放心交给我吧，保质保量。"

虽然钱不多，但小花认为这是一个积少成多的良好开始。

确定了这项工作后，小花给苗苗发了视频邀请。前段时间苗苗考公务员没成功，沮丧得不行，今天看上去已经恢复过来了。苗苗说："小花，我现在换了一个大房子，房租好高啊。"

"哇！咱俩真是默契！我也是！那你怎么支付房租？"

"兼职啊！"

"你也兼职？！"小花惊呼。

小花心里想的是怎么这么巧，但是苗苗误会了小花的意思，以为小花看不起兼职，于是苗苗翻了一个白眼："小花，你的思想可不能这么老土。咱们这些年轻人，刚走上社会，工资都不高，而咱们又学不会老一辈的吃苦耐劳、艰苦朴素，那么怎么办呢？消极的人就凑合着过，或者干脆张口向父母要钱，成为一个没有骨气的啃老族。但是积极的人，就应该多找些渠道去拓宽自己的收入，多赚钱，来支撑起自己想要的生活。”

小花听得连连点头。

苗苗接着说道，“我身边很多人都是这么做，有开网店的，有做少儿辅导老师的，最励志的是我对桌的同事，人家考了一个瑜伽证，下班后去教育机构教授瑜伽，既美丽了自己，也美丽了他人，还美丽了钱包！”

听了苗苗的话，小花的心里更舒服了：原来有这么多人和自己一样，不愿意过凑合的生活，而选择拼命努力。

但是……小花还有一点犹豫：“苗苗，你说咱们这么着急赚钱，会不会看起来很狼狈？一点也不优雅。”

苗苗“哼”了一声：“狼狈？也许我们疲于奔命的样子有那么一点狼狈，但是，我们努力支撑自己想要的幸福生活的姿势非常非常完美！”

小花被苗苗深深地震撼了，良久才说：“苗苗你真牛！我要把你的话写进我的新小说里！”

“那你记得给我稿费、给我分红啊！”两人笑成一团。

小贴士：

面对高房价，一部分年轻人选择节省开支，继续住不喜欢的房子，也有一部分年轻人选择过自己想要的生活，用劳动来弥补高房价。两种做法并无对错之分，但在工作之余有能力的情况下，后者显然更积极、励志，也更容易进步，走向理想的未来。

二、想要的生活，可以通过 DIY

小花的日子华丽丽地过起来，这让另外一个人颇有触动——贝蒂。

前段时间贝蒂还打算凑合着过，但是如今，一到下班时间看到小花欢天喜地往家跑，贝蒂的心情就复杂起来。周末的时候，贝蒂买了一个大榴莲来参观小花的新居，在小花的屋里一圈一圈地转："哇哇哇！太棒了！"

"贝蒂，你也找个好房子啊！"小花真心地劝，但是话一出口就后悔了。谁不想找好房子？还不就是因为钱不够！

好在贝蒂知道小花这人心直口快，也不介意，把屋子上上下下打量了个遍以后，说道："真是钱不够，不然我早就下手了。我如果想要整租一个房子，也租不到这么好的，还是算了吧。"

小花以为贝蒂真是"算了"，却不承想，这个擅长美术的姑娘找到了另外一个解决问题的方法：DIY翻修！

如今，DIY已经不是什么新词儿了，人人都懂这个词儿的意思，也享受过DIY的好处。从小花家回去之后，贝蒂的心里"长了草"，开始在手机和电脑上查找关于DIY的APP以及公众号。凭着自己的美术经验，贝蒂苦学三天，基本掌握了DIY的技巧。

接下来就是伟大的实践了。想要DIY，首先需要一个合适的对象——房子。这个房子要符合几个基本标准：一是水电不需要大改造；二是房东允许对其进行改造；三是房租确实比其他房子便宜，值得对其进行改造；四是采光等硬性条件较好。

除上述几项DIY基本原则之外，贝蒂还补加了一个新条件：足够破！足够旧！这样改造成功之后的成就感才能满满的！

在贝蒂的不懈努力之下，经过3周多的寻找，还真在南京明故宫附近找到了这么一间房子。该房建于20世纪80年代，不仅楼房整体老化，而且室内装修也是几十年前的风格。因为实在破旧，房东对房租“看得很开”，听说贝蒂要对其进行翻修，房东的态度也很“民主”：“你别让邻居投诉，别把墙弄塌了，其他你看着办吧。”

贝蒂在火辣辣的热情里，开始了人生第一次DIY。

但是，失败了。

显然DIY并不像贝蒂想象的那么简单。对于一个不能改动水电和户型的房子来说，最容易引起整体视觉变化的部分主要是地面、墙面以及装饰物。原来的房子是水泥地，看起来真是又脏又没档次，所以肯定要换掉。但是，换实木地板太贵，不符合租房DIY的标准，换地毯虽然好看，但是打理起来格外费劲，所以贝蒂选择了DIY网站里经常提及的自粘性地板。这是一种PVC材质的、类似地板的薄片物体，背部有胶，撕下后可以直接粘贴于地面。贝蒂选择了一种心仪的颜色，然后进行了自粘。至于墙面，贝蒂想用少女心的糖果色系壁纸进行装饰。

一切设想听起来皆合理，但待到贝蒂真正实施时，才发现问题多多。

首先，虽然自粘材质的地板造价低且铺装方便，效果也确实不错，但是铺装之后，房间里的刺鼻味道久久不能散掉。贝蒂试着睡了一晚，次日起床头晕脑涨，于是再不敢睡第二晚。

其次，糖果色的壁纸确实好看——但仅限于网站图片。当把全屋都粘上彩色的壁纸后，只会给人以眼花缭乱、精神紧张的感觉。且壁纸这种东西虽然原材料不贵，但雇请工人进行粘贴的人工费却相当高。贝蒂为了省钱自己动手粘纸。粘贴前贝蒂想，这才是真正的DIY呢；粘之后贝蒂不得不承认——有些事情，真得要专业人士来做。现在的壁纸不仅歪斜，而且细看还有一个又一个小的鼓包，还有几处撕裂，让人分分钟想全撕下来。

总结起来，贝蒂首次DIY失败的原因有二：

（1）在省钱的前提下，忘记了“环保”这个重要原则，以至于屋是美了，但健康不保；

（2）错误地估计了DIY的工作量和专业性，所以没有达到预期的效果。

DIY，为的就是得到一个合意的家，如果不合意，DIY意义何在？怀着十二万分的决心，贝蒂把原来的成果全都毁掉了，再次钻研起来。这一次，她叫来了小花陪她一起分析。小花旁观者清，一下子就看清了问题的所在：“光看网站是不可靠的，事实和网页总有区别啊！”

所以，新的一轮DIY开始，这次工程建立在实事求是的基础上。

（1）地面。虽然也可以选择环保等级高一些的PVC材质地板，但是通过小花和贝蒂的讨论，还是决定用“自流平”作为新一轮实验的素材。自流平的好处在于简单易用，打理方便，环保等级过关，还自带一种浓浓的工业风。

（2）墙壁。由于地面呈现灰色，所以墙壁配色也要与之协调。选取了整体大白作为底色，也为后续的颜色添加留下了足够的空间。

（3）软装。根据墙壁与地面的配色，贝蒂充分发挥了美术生的天赋和才能，配成了一套以各种深浅度的灰色、柠檬黄色和白色为主色系的家装风格，主要通过添加边几、窗帘等物品来实现。

（4）厨房。对原来惨不忍睹的恶心厨房进行改造，使之成为开放式，放大了原本局促的客厅餐厅空间——虽然有油烟问题，但由于平时做饭以非油烟西餐为主，所以还OK。

当整个房子装修完毕之后，贝蒂和小花站在房间中央，嘴里只有一个字："哇！"

这是一间简约的北欧式风格的房间，单从内部来看，完全无法与之前那个"老破小"联系起来。虽然整体花费2万多，但是贝蒂和房东一次签约三年，在这三年里不需要再找新房，与租一间装修如此豪华的新房价格相比，贝蒂并不吃亏。

当晚小花回到家，内心久久不能平静，她动笔写下来：我喜欢贝蒂的家，更喜欢那个敢想敢做的贝蒂。

故事还有更美的后续：贝蒂把自己DIY的过程，配图文向一个以改装旧房为主要运营项目的公众号投稿，被选中之后，居然应聘成了一个业余的二手房DIY咨询师。目前这在国内还是一个新兴的行业。为此贝蒂去上了补习班，恶补了室内装修的课程，又开了自己的公众号。如今贝蒂不仅住进了自己心仪的房子里，还能够把房子当成一纸“证书”将自己的能力推销出去。

这也许就是生活带给我们的惊喜吧！

小贴士：

许多年轻人不愿意租住在装修老旧的房间里，又无法支付租住新房豪宅的费用，那么DIY旧房就成为时下新流行。不过，文中的贝蒂毕竟是一个幸运儿，DIY并非是万事顺利的简易工程。在DIY过程当中，切记水、电等关键部位的安全，一定要与房东签署长期的租房合约，以免胜利果实被“劫收”，更重要的是“实事求是”，不要盲目相信所有DIY网站，也不要什么事情都亲自做，花钱雇请专业人士可实现事半功倍。

三、居住环境，代表你对生活的向往

小花发现，“买猪看圈”这句老话虽然难听，但却十分有理。

房子对小花而言，绝不仅仅是一个睡眠之地，而是一种寄托和向往。上班时间，小花工作很有动力，因为努力地工作才能让小花与好房子相匹配。下班之后，小花也不再窝在床上看剧，而是会做做家务，炒几个小菜，又健康又充实。

“小花，最近劲头不错嘛！”佐伊难得开口夸小花一句。

“那当然！我现在的房子可好了，住起来舒服，心情就好，工作也就有劲头呗！”小花迫不及待地把房间的照片拿给佐伊看。

佐伊瞄了一眼，点点头："不错，生活就是应该这样。但是房租不便宜吧？"

"是啊，所以更要卖力工作。"

"嗯，如果你还有余力的话，其实可以再增添一些小东西，不贵，却可以让生活的品质在现有基础上再高一个台阶。"佐伊的脸上浮现出淡淡的笑容，"比如一个小小的榨汁机，一个折叠的跑步机，一个挂烫机，或者干脆换个窗帘，加一个彩色的抱枕，都可以让日子过得有色彩起来。"

小花第一次看到佐伊露出温柔的表情。

那天下班之后，小花买了一个小米牌的榨汁机，不到200元，当她把平时最不爱吃的胡萝卜榨成汁喝下去的时候，真的有元气满满的感觉。

窗外，是一个繁忙而快节奏的都市。窗内，是一颗渴望幸福而平和的心。

其实这一切并不矛盾，这一切都可以完成，只要你真心努力。

小贴士：

生存是一个复杂的问题，并非可以用简单的加减法来衡量。年轻人移居陌生的城市，极有可能找不到归属感，继而厌弃所在的城市，失去幸福感。这时候，可以通过一些小小的细节来提升幸福感，比如买一盆喜欢的绿植，找一扇向阳的窗户，定期走一走附近的老街等。并非花费越多就越容易感觉到舒适，每个人都能够找到属于自己的幸福钥匙。

买房，是不是必要条件

一、买房 or 不买房？这是一个复杂的问题

当租房问题解决之后，小花自觉生活已经进入了理想的轨道，所以从未考虑过买房。

但是，生活总会给你带来新的人生命题。

中秋节前，单位年轻人举行小型聚会，虽然是AA制，但是好久没有吃喝玩乐的年轻人们都期待不已，下班前已是人人摩拳擦掌，想好好放松一下。就在此时，人事部的茱儿说："对不起，今天我就不去了哈。"

"别啊！茱儿，你可是KTV女王啊！你不去，我们这些粉丝何处安放？"大家劝说道。

茱儿不好意思地笑笑："实在不是我不想去，只是……前几天刚买房，9月刚还上房贷。从现在开始，超过5块钱的聚会都别叫我了，还贷压力大啊！大家体谅体谅！"

然后茱儿不由分说就跑掉了。

当晚的聚会，虽然人人尽兴，但不知道为什么，茱儿临走时候说的那句“买房”却成为大家心头挥之不去的阴影。到了酒酣之时，不知道谁说了一句：“你们都买房了吗？咱们这些年轻人，到底要不要买房啊？”

于是，这个热烈的聚会，变成了杂志社社会版的话题组，人人都就“是否买房”这件事，提出了自己的看法。小花发挥职业素养，真实记录如下：

同事阿汤，男，28岁，硕士学历，热情洋溢，目前无房

不管你们怎么说，房子，我肯定是要买。不为别的，就问一句：“你们工资提升的速度，能跟得上通货膨胀的速度吗？”

工资肯定不能啊！只有房子才能啊！

我是硕士，你们都知道的。可是现在我特别后悔自己读硕士。想当初我本科毕业的时候，就犹豫过是否要来南京工作。那时候南京大光路的房价多少？不到两万元一平方米！新装修、好户型、好朝向。但是我非要去苏州大学读硕士。等到硕士毕业回来，我原先看中的那个楼盘，二手房都已经炒到4万多元了。几年之间，房价相差200多万元。请问，我的硕士文凭能在短期内给我换回这200万元吗？

也许你们会笑话我，说我是在空想。那咱们就讲一个不空想的例子。咱们门口发报纸的陈大爷，大家都喜欢他吧？说他天天笑嘻嘻的没有脾气，一看到他就觉得心情好。可你们知道陈大爷为什么爱笑吗？陈大爷有房！而且不止一套！人家能不笑嘛？

据我所知，陈大爷这个人虽然没有学历，但炒房的本事一流。不仅自己住着老城南中华门地段的老房子，还在江宁和栖霞各投资了一套。陈大爷有远见啊，五年前，江宁和栖霞还是偏僻地段，相当于北京的五环以外，没有大型商业体，环境也不那么宜居，很多人都持观望态度。但是陈大爷说："不是有地铁嘛，只要有地铁，就会有人住！人多了，自然就会有大商场！大型商场一开，环境一整治，就会适合居住！"

看看陈大爷这觉悟，这推理能力！

陈大爷在房子每平方米售价两万（元）以下时入手了两套住宅。如今，两处房子价格全都翻倍了，陈大爷赚了个盆满钵满。现在陈大爷准备把江宁的房子卖掉——他觉得那套房子的价格已经升到历史最高值了，正适合抛售，然后他再去更偏远的江北新区投资一套。

我对陈大爷佩服不已，别看陈大爷的工资在咱们社里最低，但人家才是隐藏的土豪。而他能成为土豪，就是因为买房！

同事莎莎，女，25岁，随性姑娘，目前无房，住酒店式公寓

哟嗬！阿汤哥，没想到你的人生目标还挺远大，工资不高倒想着炒房了？我跟你说，房价就是被你们这些人炒起来的！其实那东西值那么多钱吗？充其量还不就是房子？

我个人不支持买房，当然穷是一个原因，另外一个原因就是：房子会像蜗牛的壳，束缚我的发展。

现在的房价，不是随随便便就可以承受得起的。如果想要买一套像样的房子，不仅需要你腾出绝大多数的工资还贷，还需要父母双亲甚至举家倾囊凑出首付款。这么一大笔钱就用来买一个寄身之所，把自己的肉体缩进去，这真的是我们想要的生活吗？

我也举个真实的例子。我好朋友婷婷，北漂一族，当初去北京是怀揣梦想的，准备开一个自己的影视工作室。但是，漂了一年后受不了了——身边的年轻人都在想办法买房，房价又居高不下，她觉得自己似乎应该“先安家”“后立业”，于是逼着父母拿出所有的积蓄给自己看中的房子付首付。

虽然买到的只是苹果园地铁站附近的一个小房子，每天进市区需要近两个小时，但房价绝不因为地处偏远而让人松口气。婷婷每月的收入要分出近一半还房贷。像她这样的自由职业者，收入本就不稳定，安全感也相当低，直接反映在工作水平上。以前，一人吃饱全家不饿，她完全可以挑自己喜欢的作品来做，为了实现梦想，为了出精品，可以慢慢把一个项目打磨很久，直至满意。但是现在呢？房贷是一个巨大的压力，压得她透不过气来，为了每个月10号能够还上银行的钱，她什么工作都得接，有些作品就算不满意，差不多改改就提交了。几年下来，房贷依旧多，但是当初的奋斗激情和做精品的能力都被磨没了，现在的作品越来越差，她离影视公司的梦想也越来越远。

她跟我说：“真是后悔死了！如果当初不拿那些钱去付首付，而是投资一个自己的工作室，无债一身轻，说不定梦想早就实现了。”

大家引以为戒啊！我们不要走她的老路。现在我住在酒店公寓里，房租每个月3000元，但是我自由。有钱我就住这个贵公寓，没有钱了我就可以住便宜公寓，随心而动，没有那种几十年的长期压力。而且，如果有一天我在南京待腻了，拍拍屁股就可以走，不用担心被房子锁住。我们还年轻，别让房贷把我们压成未老先衰。

同事杰奎琳，女，31岁，已婚，目前有房正在月供

莎莎的想法真前卫，我佩服。但对于绝大多数人来说，还房贷不一定代表压力吧？还可能是动力啊。

我就说说我自己吧。我是四年前买的房，现在和我先生一起还贷。由于采取的是等额本金还贷款，所以头几个月的贷款额非常高。还贷之初我直接被吓哭了，扑在我先生怀里说："这样下去，我们连吃饭的钱都没有了！"

但事实是我们坚持下来了，而且过得越来越好。诚然，无房贷的生活很轻松，没压力，但是有房贷的生活质量也并未因此下降，而且过得越来越踏实。

自从有了房贷，我戒掉了乱买东西的毛病，以前每到换季就会囤一大堆当季新品的衣服，不管适合不适合，不管穿不穿得过来，反正买得爽就买了。结果家里的衣服泛滥，好多新衣带着标签就被送进了楼下的旧衣捐赠柜。至于化妆品更是我的软肋，口红每个色号都要买一支，往往是用过几次就不知道丢哪儿去了，都是浪费。有了房贷之后，我再也不乱买衣服和化妆品了——不是不买，而是对金钱更有观念，也更慎重了。衣服就挑最适合自己的，货比三家；化妆品需要，少量即可，囤太多根本就是浪费。这样一来，我发现我还是有漂亮的衣服穿，出门也总有口红用，但在这方面乱花的钱被大大节制住了。

从我先生的角度来说，自从有了房贷，他连血脂都低了。（大家哄堂大笑）你们别笑，不是说房贷有把血脂吓低的功效，而是说房贷在某种程度上可以促进健康生活模式的形成。以前我和我先生每晚都吃外卖，一是因为租的房子厨房不方便，做饭没有动力；二是因为有闲钱，买着吃确实比做着吃味道好。但是自从有了房贷，天天买着吃，荷包可不允许，再加上自己的房子，厨房装修得可人爱，不下厨做饭确实浪费，所以，我们开始了“煮妇和煮夫”的生活。

一开始煮出来的食物都很难吃，但是后来，我们都训练出了各自的拿手菜，不再羡慕外卖甚至有些嫌弃外卖那种重油、重盐、重香料的做法了。在此期间我们细细地算了一笔账，一盆好吃的土豆牛腩，需要牛腩半斤，天猫超市只需要20元，土豆两个，一般也就4元钱，香料和燃气费加在一起仅需要5元钱。30元钱就能煮出一锅比饭店里70元还要好吃的牛腩，更不用说饭店里用的肉和油都来源可疑了。省钱是一方面，“省身体”是另外一方面，自做自吃之后，油肉摄入量明显减少，腰围细了一圈，而且，总在一起做饭聊天，夫妻感情也变得越来越好。

姐妹们，房贷虽然吓人，但是它有益的地方也更多。我是非常建议大家都背背房贷的，生活会因此有新的改变，年轻人的责任意识也会因此加深。

同事汤姆生，男，32岁，有房的悲观主义者

杰奎琳不愧是兼工会副主席，说起话来理论水平高，说得人人都想马上买房。

但是，看看我！你们就不想买房了！

我现在有套房，你们都知道的……那房子，唉，南京著名凶宅小区！砸手里了！当初我也是怀着一腔的热情去买房啊，想着房子嘛总是要住的，与其租房付钱给房东，不如付钱给银行早点住上自己的房。但是呢？我和我老婆的口袋全空，双方父母的口袋全空，终于买上房了，但是，生活变得更好了吗？没有！

年轻人买房的几大坏处，我总结总结。

一是局限了夫妻关系。买房之后我和我老婆聊天的话题全都是房，房贷能不能还上，有没有钱再添新家具，附近学校不好将来孩子上学怎么办……这些东西聊多了，夫妻感情都变淡了。而且你还不敢离婚，你们是共同还款人啊，如果离婚了房子怎么分？双方父母都出了钱哪！

二是局限了生活的范围。我是新到公司来的，你们都知道，两年前我的单位在徐庄软件园，离我现在的房子很近，上下班也方便。但是跳槽以后呢？鬼知道我要用多长时间来上班。坐地铁不顺路，开车路况又不稳定，有时候我会在路上堵好几个小时，还不算上每天的油费。买房和租房不一样，不能想换就换，如果没有更大的财力，基本买在哪里，你就几十年住在哪里了，想去哪儿都去不了。

三是局限了你的梦想。你们都说买房好，能增值能赚钱，那都是梦想啊！没有实现之前，谁知道会发生什么？我们那个小区，刚买的时候也说能增值的，位置不错，户型也好，但是入住第一年，就接连发生两起命案，一个车库凶杀，一个小孩坠楼，这下子好了，房子再好也要跌价。来买房子的人几乎不考虑我们小区，即使我们小区降价卖房，人家一听说这些事，都连连摇头。多少人啊，想增值以后再换房的梦想就破灭了。那么多钱都投入这个根本不能变现的项目里，我的心多疼啊！

所以说到底，何必买房？趁着年轻，多过一些多姿多彩的生活吧！

四个同事说得都有理，在席上也都各有支持者。大家你一言我一语，就“年轻人是否要买房”这件事说得相当热闹。然而这样的话题，即使聊得再热闹，气氛也是沉重的。组织者瑞秋试图把话题拉回来，但是根本没有用。

因为对于年轻人来说，房子，真是太重要、太重要了，谁也回避不了。

小贴士：

是否买房，因人而异，每个人需要考虑的问题也千差万别。没有任何一种方法可以决定是否买房，但有一个问题却是买房前必须思考的：买房之后，生活会不会比现在更好？上文中的所有事例，买与不买，实际上都取决于买房后的生活是否更幸福。说到底，成为房奴不是目的，幸福生活才是买房的最终目的。

二、买不买房，别人说了不算

当晚的聚会以一种奇怪的方式结束了。回家后，小花久久不能入眠，盯着天花板盘算着：现在的房子确实很好，但归根到底不是自己的。那么要不要买房呢？

在繁华的表面下，不安全感隐隐袭来。如果说以前这种不安全感只是躲在小花背后，那么现在，小花已经感觉到，买不买房这个命题已经直直地横在她的人生道路上了。

可是买房，真的值得吗？

小花想起前几个月发生的一件小事。当时小花正和贝蒂挤在电梯里聊房子的事儿。小花说："贝蒂啊，我真是搞不懂，为什么那么多人要买房。我算了一下，房价那么高，一栋房子200万元，即使住50年，也就是18250天左右，那么每天付出的房价也高达100多元，一个月需要3000多元。这和租房子有什么区别？为什么非得买房呢？"

"是啊是啊，我也觉得。而且100多元一天，我想住哪里就住哪里，不需要非住在一个地方。而且啊，50年以后房子要旧成什么样？而我揣着这份钱，还可以换一个新房子住。"贝蒂连连点头。

两个女孩自认为思路正确，颇为自得。但这时候，电梯里一位陌生的中年大叔幽幽地说："但是，50年以后，租房的人一无所有，买房的人，手里有一栋可以变钱的房子。"然后伴随着电梯

“叮”的一声，大叔头也不回地走出去，颇有深藏功与名之架势，令小花和贝蒂一脸怅然。

现在想起来，那位大叔说得极为有理。租房付出的钱只能买到当下的生活，却买不到未来的不动产。那么，到底是不是应该买房？

小花的内心百转千回。第二天早晨，她顶着两个黑眼圈去上班，一眼就被佐伊看出了异样：“听说昨晚聚会聊房子的事了？你是一夜都在做思想斗争吧？”

“佐伊，你干脆摆摊算命吧，太准了！”小花道。

“那你斗争出结果了吗？”

“没有……佐伊，你说我到底应不应该买房？”小花急吼吼地问。

佐伊道：“平时看你主意多，结果买房这样的大事反而自己做不了主，还要问别人？小花，买房和找对象、找工作、选专业一样，是人生当中最需要自己做主的几件大事之一。”

“你说得没错，但是这又和找对象不一样。找对象，我知道自己喜欢什么，也知道对方是不是喜欢我，这都会成为我做决策的理由。但是买房子这件事，房子不会给我回应，我也没有任何喜恶啊。”

佐伊长叹一声：“小花，看来我不仅要给你当领导，还得给你当半个人生导师。那就让我来点醒你一下吧——买房子，最重要的一点就是钱，你有吗？”

佐伊顺手拉来一张纸，在上面写了几行字：

（1）首付款：是否能够凑齐

若否，请放弃买房。

若能，请自问，是自己可以凑齐还是举全家之力？若举全家之力，是否要过紧张的日子？若要过紧张的日子，请放弃买房。

（2）月供：目前工资是否能温饱不愁

若否，请放弃买房。

若能，请自问，温饱不愁的同时能不能够挤出月供的余额，若可以挤出，对生活质量是否会有较大影响。

（3）计划：未来是否有需要大笔钱的、必需的计划

若无，可以考虑买房。

若有，请自问，该计划是否必需且对自己的人生有巨大助益，在此计划实施的同时能否买房。

佐伊把纸丢到小花面前。小花一看，突然有种豁然开朗的感觉：是啊！自己为什么要为买房发愁？为什么要因为别人的诸多事例而纠结不已？其实，即使是像买房这样难以抉择的人生大事，也是可以通过量化来思考和决定的啊！

佐伊说："你如果觉得上述条件都合适，你就可以买房了。但如果是那种既没有钱，又没有能力可以还上贷款的人，完全没有必要买房。我最看不惯的就是那些首付还八字没一撇，却天天都在幻想住豪宅的人。"

小花点点头。确实，在全民买房的社会氛围里，很多年轻人完

全不考虑自身的条件，就盲目追风买房，最后都是悲剧。

佐伊说：“你记得，无论遇到什么样的问题，只要这样列出条目，往往就清晰易得。你去分析分析吧，如果自己合适，再买房。”

小贴士：

当社会上关于“房市迟早要崩盘”的说法甚嚣尘上时，年轻人依旧要有自己对于房产的判断。纵观持“买房都是傻子，房子迟早会跌得白菜都不如”观点的人，除了经济理论家，多是一些买不起房也不希望别人买，或者自己有多套房却悄悄地劝别人不要买的人。买房，是需要自己决定的。如果是刚需——即有确实的、迫切买房的需求，且经济实力符合买房的基本条件，买房依旧是值得考虑的选择，因为房子是用来住的，那么住得心安，过得舒服，才是最重要的。

我的房子我做主

一、房子，想说爱你不容易

（1）想买房。

（2）能够负担房贷。

（3）父母愿意支持首付款。

经过佐伊的点拨，又吸取了各方的意见后，小花决定：买房。但所有涉及房子的事情都不容易——做决定不容易，实施起来更不容易。小花开始了新一轮的与房产中介打交道。这次小花发现：买房比租房的门道还要多。

首先是购房的地理位置。一听说小花要买房，单位里上至55岁下至25岁的同事都给小花出起了主意。总体上，大家的言论可以分为三派：

（1）“买在市中心永远不亏”派——代表者：魏大妈

魏大妈是社里少数没有英文名字的老同志，因为其资历深，是顶梁柱之一，其情感答疑解惑栏目受众多，社里没人敢对其有个“不”字。魏大妈是“老南京”，对以南京城墙为边界的主城区有着别样的感情，她告诉小花：“买房子，一定要买市中心！对！就是死，也要死在市中心！”

魏大妈的理由非常充足：房价现在涨涨涨，但是将来未尝不会跌跌跌。万一有一天房价回落，回落风险最小、回落幅度最小的是哪里？当然是市中心！没有人不愿意住在市中心！一个城市的发展有其深远的历史原因，城区的建立是人民群众的选择，为什么这片儿地方会成为市中心呢？当然是因为它好，世世代代的人都觉得它好，它才屹立不倒。现在市中心的房子虽然旧且贵，但依旧是最保险的选择，完全可以买一个小点儿的，只要是住在中心地段就万世不亏。

（2）“买房不投资等于白买”派——代表者：门卫陈大爷

正如前几天在酒桌上听说的那样，陈大爷真是一个投资高手，面对纷繁的楼市，陈大爷自有一套理由：“不能买在市中心。那地方已经涨到顶点了，你再买，还有升值空间吗？只能保证不跌。但是你买房只是为了房价不跌吗？当然不是，你为的是涨，为的是用现在的工资支持房子，然后用房子带动你富裕！”

陈大爷的推荐地段是南京的江北——即长江以北。在所有的大城市里都有这么一个地方，它属于市区，但是交通不便，出入间总有一种“上山下乡”的感觉，如北京的良乡，上海的宝山，都在此列。陈大爷说：“这地方虽然偏远了一点儿，但是现在房价低，升值空间大。而且有地铁可以到达，未来前景很可观。”面对小花的“江北的房子太远了，我上下班不方便”的问题，陈大爷也有解决的方案：“年轻人的思路不能太僵化，你买这房子就一定要自己住吗？不见得吧？你完全可以继续在市区租房，然后供着江北的房子。苦是苦一点，但是房价涨起来的时候，你就发达了！”

（3）“买房就要在单位附近”派——代表者：瑞秋

作为人事主管，瑞秋最头疼的就是考勤。每个月都有职工因为家住太远而迟到，迟到的工资扣发是瑞秋最不爱做的事。瑞秋告诉小花：“真的，一定要买在单位附近，就算你每天早晨比别人晚起半小时，晚上早回半小时，你算算一年省下多少时间？这都是金钱啊！”看小花不为所动，瑞秋又劝道，“如果你不在乎钱，你总在乎舒服吧？买房子就图个舒服，而住在单位附近就是最舒服的了。你看看汤姆生，家住那么远，一到下雨阴天就要被扣工资，回家身心俱疲。你愿意像他那样吗？”

这三派意见都有道理，令小花纠结不已。她今天觉得陈大爷有理，想要用房子来投资，将来大赚一笔；明天觉得瑞秋有理，早晨赖床时，离单位近的房子是多么宝贵；后来又觉得魏大妈才真正有人生智慧，市中心的房价确实坚挺，买了就不怕贬值。

半个多月折腾下来，小花睡也睡不好，吃也吃不香，交上来的稿件经常出错，被佐伊骂了个狗血淋头。

到底……怎么办呢？小花痛苦地在办公室里走来走去。佐伊把稿子往桌上一拍：“我真是不想管你！但是不管你，稿件错误太多我要负责！所以我指点你一招——你想象一下，想象一下，你就知道哪个才是对的了！”

小花一向把佐伊的话奉为圭臬，急忙开始了想象。如果我按照魏大妈的话买了市中心……如果我按照陈大爷的意见选了江北……如果我按照瑞秋的意见挑了单位附近……

就在三派意见代表人物私下里进行竞争，赌着小花最后到底听从谁时，小花突然宣布了一个出人意料的答案：三派意见我都听，也都不听！

这是小花久经过折磨之后得出的结论：诚然，大家说得都有理，却不一定适合自己。魏大妈说买房要在市中心，但对于小花的财力来说，市中心的房子过贵，即使勉强买到了“老破小”，房子旧且易坏，也不是小花真正想要的生活；陈大爷的理论很先进，但小花买房的初衷是刚需，是为了资产的稳定和保值，并非手中闲钱大把而进行投资；瑞秋的讲法自然很令人动心，但是单位附近无地铁站、房子户型也不好，如果入手，未来出手换房都成问题，不能为了一时的方便而放弃前景。

所以小花折中了所有人的意见，买了一处偏离市中心却又不太偏离、离单位不算近但也算交通方便、虽然房价已经不低但也有一定升值空间的房子。

小花的选择终于让买房之争尘埃落定。虽然三派代表人物都对未能说服小花而心有不甘，但暗地里，也都向小花竖起了大拇指。

小花也在这争论与彷徨中悟出了一个道理：买房子，要坚持初心，诱惑很多，但要永远记住自己为什么买房子。

小贴士：

如今年轻人买房容易陷入误区，盲目听从他人意见，草草入手他人推荐的房子，到手后却发现根本不切合实际。世上房子千千万，没有十全十美、保涨不跌的房子，买之前要端正心态，明确自己买房的目的，才能做出正确的选择。

二、栖居，是把握生命的一种方式

进入购房环节，小花才知道：世界原来如此广阔。

最初，小花想要购买的是一手房，即开发商直接销售的商品房。然而，小花很快就发现，在南京购买一手房简直就是天方夜谭。目前国家实施了新房限价政策，刚开盘的新房往往比周边的二手房价格要低，导致新房炙手可热。购房者多，房子却少，在分配名额不均的前提下，购房只能摇号。小花满怀希望地参加了几次摇号，都以未果告终——摇中率真的是太低了。

小花心有不甘，便向工作在北京、上海的同学们了解一下。不了解不知道，一了解吓一跳：目前一线、二线城市的新房市场大都如此，除非特别高价的豪宅，才有新盘可买。小花也就只能断绝了买新房的心思，乖乖地考虑二手房。

想买二手房，就要有一个好中介。几年前单位有同事找了一个路边的便宜中介，结果买到了一处未解抵押的房子，打官司一直到现在。有了这样的前车之鉴，小花成功地避开了“不靠谱中介”这个雷区，只考虑链家、我爱我家等国内知名房产中介。据了解，这样的中介虽然费用收取得较高，但一旦出现风险，中介公司会对客户进行保障，给予赔付。这种保障对小花这种风险承受能力低的客户来说是非常必要的。

挑好了中介，小花高高兴兴要看房了，谁知被好友苗苗知道了，劈头盖脸地批评一番。苗苗说：“你砍价了吗？”

“啥？啥价？”

“中介费啊！你记得啊，看房之前先砍中介费！”

苗苗说，每一笔中介费都有相对可浮动的余地。小花对此将信将疑，但是当她弱弱地向中介提出降低中介费比例的时候，中介——那位慈祥的大姐——当即就表示出“啊，我就猜到你会这么说”的意思，然后给中介费打了一个八折。

八折啊！听起来不多，但是在房价这么一个庞大基数的作用下，一下子便宜了万元上下。小花这才知道自己的经验实在不足，原来在房子的世界里，任何价钱都是可以商量的。

之后就是认真地看房。其间苦泪欢笑皆不用细说，总之小花买到房子之后，已经瘦了三五斤。经历了几次失败，以及几次小小的自认为的成功，小花在书桌前，写下了人生首次买房小贴士：

我认为，买房子有几点是必须要注意的。

一是态度。买房不能不真诚，但也不能太真诚。真诚要表现在购房愿望上，要让卖房者看出“我是真心想买房，我也真有这笔钱”的意愿。买卖双方都不是专业商人，遇到真正能买或者能卖的人，都会觉得亲切，所以看到这种明确意愿后，卖房者容易放出最低价。不真诚要表现在对房子的态度上，即使进门的瞬间就认定此为“真命天房”，也切不可表现出一种“哇！太棒了！我立即想搬进来”的心态，一定要控制住情绪，并向对方暗示自己还有多个房子要看，需要比较一下。同时还要表现出此房还不错，却没达到百分百满意的态度。这种态度对之后的砍价非常有益。我就是态度太积极啦，后续价格砍不下来。

二是格局。买房买房，但买到的绝不仅仅是房，而是房子所附带的一切，包括整栋楼的质量、小区的环境、邻居的素质、物业的责任心等。切忌买房只看户型、装修等内部条件而忽略了门外的高架桥、大门都懒得开的物业、天天打孩子吵架的邻居，还有远处隐隐“飘香”的垃圾堆。林小花你要记住，房子内部再好，也无法脱离大环境。

三是心态。买房不能抱着“我必赚，不成功便成仁”的心态，而是要怀着一种“得之我幸失之我命”的淡然。比如前几天，我刚看中的好房子，一转眼就被抢走了，当时我很难过，但还好我立即收拾好心情。我要坚持好房子与好主人是有缘分的，只要认真看房，认真分析，总能找到适合自己的。在此我也督促自己一句，如果我买到房子后，发现了一些无伤大雅的小问题，千万不要痛心疾首，要相信这个世界上没有百分百的好房子，要在买房这件事上允许自己犯错误。

四是耐心。买房其实是一场博弈，所以格外需要耐心。虽然我的中介大姐不错，但我不能听从她“好多人都盯着这套房，再不买就来不及了”的催促，我永远要掌握好自己的节奏。急匆匆下手的房子，十有八九都是眼泪。我听说，有人晚上看房，觉得实在不错，转头就付了订金，却没有想到白天细看，发现这房子采光奇差，后悔不已。其实如果他有耐心多等半天就能发现端倪。多看多跑多想多思，在买房这件事上总没错！

林小花，你加油啊！

就这样，小花斗着争着，思着练着，终于买到了自己满意的房子。价格虽算不上格外便宜，但小花觉得很合适；户型不算特别方正，但恰好符合小花的需要；面积不算太大也不够气派，但小花从中品味到了家的温馨。

小贴士：

买房需要做的工作远远超过想象，买房不慎造成的恶劣后果也远远大于普通年轻人的承担力度。所以，买房之前一定要找到靠谱的中介（或者开发商），对所要购买的房子资格审查全面，贷款过程清晰明白，多了解相关法律法规，切不可怀着“哪有那么巧，问题房偏偏让我碰上了”的侥幸心理。

房市里的悲欢离合

小花终于成为一名“光荣的房奴”后，才了解到身边有不少人在买房上吃亏受骗，而自己十分幸运。

一、秋秋的故事

秋秋是小花的大学同学，目前人在无锡。看近几年房价大涨，工作努力的秋秋下定决心、加大力气挑到了一间房，然后，没想到……

是所凶宅。

关于凶宅，我国法律没有相关定义，但是通过《民法通则》《物权法》《合同法》等都可以来界定这个内涵。一般认为，“凶宅”就是指曾发生过凶杀、自杀、意外致死等非自然原因死亡事件的房屋或场所。虽然我们大部分人都是唯物主义者，但房屋内发生过非自然死亡事件，还是会给购房者带来内心的恐惧，从而影响购房意愿。而且在后续的交易当中，受一般传统观念的影响，房屋的价值也会大打折扣，甚至无人问津。正因如此，购房时如果遇到凶宅，房主有义务告知。如果买房者在未被告知的情况下买到了凶宅，是可以退房的。

听起来很安全？权益很受保障？实际上，远非如此。

秋秋买到的是一间二手房，四楼，带装修，性价比很高。由于手头不宽裕，秋秋决定不再进行二次装修，把房间简单打扫一下就住进去了。就在秋秋一门心思打扫自家橱柜的时候，眼前的一幕把她吓呆了。

橱柜深处的拐角里，赫然发现一只血手印！

也许是出于过度的恐惧，秋秋居然一伸手就把那血手印擦了，并把抹布丢得远远的。然而，那个手印在她心底却抹不掉了。从那个晚上开始，秋秋一闭上眼睛就能想到那个血手印，进而就觉得有无数个模糊的鬼影在自己的房子里走来走去。

疑心生暗鬼。秋秋回忆买房的过程，越来越觉得不对劲：房主怎么那么客气呢？让价怎么那么快呢？中介怎么那么推波助澜呢？这房子窗户很大但采光怎么就那么不如意呢？

秋秋无法压抑自己的想象，打电话向小花求助。小花听了真发愁，但也没有好办法，说："听说不知情买到凶宅的情况下，是可以被保护的。你要不要找找证据？"

实物证据只有家里的一个血手印，已经被抹去，就算留着可能也起不到什么作用……那么只能找人证了。

次日，秋秋请假一天，在小区里四处寻访，试图问出房子的端倪。但所有人都是这么一种态度："啊？啊……我不清楚啊。你再问别人吧。”如果被问急了，就会有人说：“你要是实在害怕就别住了呗！”

秋秋差点晕过去——邻居们的回避恰好证明了一件事：房子确实有问题！

但是，谁也不愿意站出来指证这房子的问题啊！

秋秋在小区里一圈一圈地转，欲哭无泪。终于在太阳快要下山的时候，小卖店的老奶奶看她可怜，才把她叫过去说：“丫头啊！你别这样。其实你那个房子没有什么问题的，是你对面的房子有问题。”

据老奶奶讲，秋秋购买的房子的对面一家，曾有一个五岁的小孩坠楼而死，尸体就砸在楼道前面的空地上。

于是，问题变得更加复杂。秋秋的房子依旧可能存在问题（血手印为证），但是找不到证据；秋秋对面的房子肯定是有问题的（有老奶奶做人证），但是相关法律并不保护凶宅的周边房屋啊。

秋秋再一次给小花打了电话，哭诉这件事，说自己一个独身女孩实在不敢住，听得小花心里也难过。小花说：“秋秋，要不你把这个房子再卖了吧！”

但是，无锡已经在限售城市行列，刚入手的房屋禁止在时限内买卖。而且，秋秋在小区里这么一闹，许多本不知道此事的邻居也都知道房子有问题，价格肯定叫不上去了。

而秋秋的房子，凝聚了父母大半辈子的血汗和她自己的大部分工资。

小花挂断秋秋电话的时候，长叹一声。

小贴士：

凶宅，是购房当中的少数，却也是不可不谈的一种。通常情况下，购买二手房时选择专业中介，是可以规避凶宅风险的。但是，自己也要“长心眼儿”，一是要在房屋里观察，是否有一些可疑角落——如贴有纸符、供有灵位等，二是在小区里四处走走问问，向长住户和物业人员闲聊咨询，有时会有意想不到的收获。

二、劳拉的故事

劳拉，是小花的同事，虽是女名，实际却是位男性，因为生活劳累，像老牛拉车般辛苦，所以自嘲取名为“劳拉”。

劳拉在没买房之前，其实没有这么辛苦，栽就栽在相信了街头的小中介，买了一处让他叫苦不迭的房子。

2015年，劳拉刚刚毕业，在杂志社营销部做得风生水起，有了积蓄，就准备买房。劳拉为人精明，认为找正规中介公司就得把大量钱花在中介费上，实在不值，于是从街边小中介下手。当时劳拉目标小区的街口有个小房间，招牌上草草写着“不动产中介”的字样。劳拉进去一谈，果然房源不少，中介费也便宜。

劳拉对此骄傲不已，几天之后就选中了一间低于市面平均价的房子。劳拉问中介：“这房不是凶宅吧？怎么这么便宜？”中介回答说：“大中介公司都炒房价，我们小中介公司踏踏实实，只收朴素房源，所以才便宜。”

你听听？多地道！

劳拉没想到的是，这样的小中介公司没有任何担保，也就隐藏了巨大的风险。签约那天，劳拉签的并非是中介、劳拉以及房主之间的三方合同，而是劳拉与房主的两方合同。签约结束没多久，小中介公司突然关门了，留下的联系方式也无法接通。

不过劳拉觉得这也没什么，反正房子买到手了，没关系的啊。

不承想，又过了半个月，劳拉的新房被冻结了，原因是，该房有抵押。

在劳拉付款时，中介曾告诉过劳拉，房主的房屋贷款没有还清，所以需要劳拉的首付去银行解抵押。所有贷款未还清的房子都是这种情况，对此劳拉也没有多想。出乎意料的是，房东拿着钱去做了别的，根本就没有解掉房屋的抵押。

情急之下劳拉报了案，但房主已经逃之夭夭。抵押方未收到解抵款，不可能把房屋交付给劳拉，而劳拉付了那么多钱，却拿不到自己的房子！

如今三年已经过去了，劳拉还在打官司。劳拉和女友已经到了谈婚论嫁的地步，急需用钱买房，却又再凑不出首付款，只能拼命工作，又“劳”又“拉”。有时候劳拉加班加多了，火气上头，会张口大骂：“其实我有房子！但我比没房的还要累！”

小贴士：

首付款解抵押——这是如今二手房交易的常见模式，也是易出现问题的环节。房主拿到首付款并解抵押时，一定要跟随前去，保证对方已经解押，且所解押对象为所购买的目标房屋。同时还要查清该房屋是否只有一处抵押。此处步步不可错，一错难回头。

三、简妮的故事

简妮是小花的邻居，去年嫁到了天津。简妮和小花从小就是竞争关系，长得漂亮，头脑聪明，虽然学历不高，但是家里人都认为她那么有头脑，办什么事都没问题。

但是，简妮偏偏就出了问题。

前几天，就是小花刚买房后不久，简妮打来了电话。接电话之前小花很抵触，她知道简妮和老公在天津买了特别大、特别漂亮的房子，觉得简妮可能是趁机来显摆的。不承想，简妮声音低沉，丝毫没有显摆之意，几句话就拐到了主题上："小花，你有钱吗？借我点儿。"

惊得小花半天说不出话来。

一年前，简妮和老公买婚房，预期为定价200万元以内，但是看房过程当中受到鼓惑，相信"买到就是赚到，现在买得越大，将来赚得越多"的论调，头脑热了起来，一口气定了一套500多万元的房子。

这么多房款，首付不够，贷款额度也不够。简妮和老公并没有知难而退，他们知道现在市面上有信贷公司，可以不受银行贷款的限制而借款出来。于是，夫妻二人将该房的首付款分为两部分，一是实际首付，二是信贷公司提供的首付。此外，每月的贷款也并非都来自银行，还有信贷公司的借款。

信贷公司（并非民间借贷）也是正规产业，唯一的缺点就是利息高过银行，所以当简妮和老公终于开始还款的时候，才发现：还款金额甚至超过了他们俩的工资总和。

这一惊非同小可，但他们还是互相安慰：没有关系的，咱们终于买到合意的房子了；买到就是赚到，现在苦一苦，将来咱们变巨富。

然而，安慰并不能代替还款。银行根据每个人的工资收入设置的贷款额度虽然令很多人抱怨，但却不可否认其科学性。这种限额相当于是一条安全线。借款超过这条线，就有还不上的可能。

简妮和老公就是“越线”了。第一个月房贷的亏空，夫妻俩向亲友们挪借了一下，凑补凑补还能勉强还上，但第二个月随即到来，还有第三个月、第四个月……

人生还有那么长。

没有办法，夫妻二人再次向信贷公司伸手，借一笔款用来偿还之前的款项。借款的时候，简妮的心头掠过一阵阴影，她想起了一句老话——“拆了东墙补西墙”，还有一个成语叫作“寅吃卯粮”。

然而，无论哪堵墙，拆了总是要补的，而且补得越晚，窟窿就会越大。补了大半年，简妮和老公终于补不动了。虽然有一套可能增值的大房子作为支撑，然而眼前的灰暗已快要将他们吞没了。

所以，简妮向所有可能的人借钱，能撑一个月是一个月。小花手里没有富余钱，急忙向简妮解释。简妮理解小花，说："你也买房了？买了多大的？"

"呃……就60多平方米。"小花不好意思地说。

"真好，真的，真好！其实60多平方米就够住了，足够幸福了，哪像我们呢？"简妮突然把电话挂断了。

这一挂断声里，藏着多少辛酸。

再后来，小花听说，简妮和老公还是把房子卖了——因为卖得太快，房价并没有涨多少，反倒是白白赔了许多信贷公司的利息。

小贴士：

许多年轻人刚入买房市场，易被眼前的繁荣惊呆，以为只要自己"勒紧裤腰带"多撑一段时间，就能够从所购买的房屋赚取巨大的利益，一夜暴富。实际上所有资产在未变现之前都是假象，买房这种大额投资最需切合财务基础。如果支出大幅度超过收入，还未等房屋增值，生活就已经维持不下去了。说到底，买房，是为了让自己好好生活，而不是为了逼自己没法生活。

辑 三

你不理财，财不理你；你理财，财也不一定理你

小花想理财，但是摸摸不够鼓的口袋，到底怎么办？

姑娘，你得赚一笔

一、没有钱？万万不能

转眼间，小花已经上班一年半，工资水平上涨，房贷稳步偿还，积蓄也渐渐多起来，有时候心里想想，不由得要笑出声来：“我也算是小富即安了吧？”

春节之前，社里洋溢着一派喜悦的气氛，几乎所有人都在默默地盘算着年终奖的数额，有事没事喜欢往财务室琳达大姐那里跑。说到财务室，不得不啰唆一句，小花发现全社最容易聊天的地方就是财务室。别看这里每天业务量惊人，但财务室的人都很爱聊天，抽空也要多聊几句。比较起全社其他办公室眼观鼻、鼻观心的工作风格，小花喜欢财务室仅次于喜欢社里的茶水间——都是聊天胜地。

小花喜欢财务室，财务室也喜欢小花。这一天，小花正好去取部门的工资条，财务总监琳达多问了一句：“已经工作这么长时间了，小有积蓄了吧？”

“啊……啊？”

“哎呀，你跟我就别藏着掖着啦，哪个月的工资我不知道？”

“不是不是，是……”小花急忙去拍脑袋，“我算不清自己有多少钱。我当然有一些存款，但是放在余额宝、银行卡、理财通里，一时半会儿也想不起总数。而且那也不算是我的存款，因为我欠款也不少，我有信用卡要还，唯品金融要还，支付宝花呗要还，还有一些分期付款的物件要逐月还，所以……”

“我懂了。”琳达立即严肃起来，“Flower！你现在的财务习惯很不好！现在社里一部分年轻人就是这样，钱赚得不少，却不知道怎么处置自己的财富，有钱就花，没钱就算了，所以一年一年地过下来，根本没有积蓄，逐渐就被别人落下了。”

“也不至于吧？大家都差不多吧？”小花咧着嘴傻笑。

“当然不一样！”琳达敲了敲桌面，“我是公司的老会计了，对大家的财务情况多少都有数。以2010年进公司的新人为例，混得好的，不仅工作跃进了中层，还在买房的基础上存款过了百万。混得不好的，工作岗位原地不动，不仅房子没买，到现在还是月光族。这就是差距！”

小花真没想到，在大家同样工资基础的前提下，还能产生这么大的贫富差距。琳达语重心长地说：“姑娘，如果没有钱，可是万万不能的！你都快要奔三了，得赚一笔啊！”

“赚一笔”，这三个字在小花的心头萦绕不去，但却始终没有找到合适的发力点。正在这个时候，同事米兰招招手叫小花过去。小花一看米兰的页面差点叫出来：“哇！你敢上班时间看淘宝！”

“怕什么？佐伊不在！都快要双十一了，谁不是表面工作，背地里偷偷刷淘宝。”米兰指着页面上的一个优惠说明问，“现在淘宝的规则太复杂了，你帮我算算，到底怎么回事？”

“这个啊，我告诉你，就是这个叠加……这个……就不能参加这个优惠，然后……哎？是不是另外一种方法更优惠？我看看。”小花伏在米兰的电脑前，眼睛睁得大大的。在接下来整整一个上午的时间里，小花和米兰基本上都在刷淘宝，累得眼睛干痛、颈椎发酸，再看手中积压的工作，估计午休又要搭进去了。

回到座位上，小花突然想明白一个道理：为了省那几十块钱而浪费一个美好的上午，还冒着被上司骂的风险，实在不值得。

当晚小花给苗苗打了一个电话，说起白天的事儿，又问苗苗：“你说咱们真的得赚出个‘第一桶金’吗？”

隔着手机都能感觉到苗苗的吃惊：“小花你还没开窍啊！就从租房那件事来说，你看不出钱的重要性吗？”

“可是，我觉得够用就行了，用不着处心积虑地吧？”小花犹豫道。

“你错了。有时候钱能带给你的不仅是钱。”苗苗果然是搞教育工作的，一张嘴就头头是道，通过一个例子把小花说得心服口服。

“我朋友圈里有个美女，每年能读上百本书，我羡慕得不行，也想学着读，但是你猜怎么着？我根本连10本书都读不完。起初我以为是智商问题，后来我想明白了，不是，我俩差的是钱——她有钱，不用卖命地工作，出门也不用挤公交地铁，所以她有了充足的时间提升自己。而我呢？挣扎在温饱线上，还哪有时间安心读书？”

这话提醒了小花。她想起琳达跟她说的例子——有些人没有钱，等十来分钟的公交车，然后好不容易坐上去，摇摇晃晃挤半个小时，回家已经筋疲力尽，总想休息。而有些人有钱，打车不到一刻钟到家，回家就可以读书学习。二者之间仅这一步就相差了最少半小时的自我提升时间。

当时小花觉得琳达是“拜金主义”，现在突然懂了：有钱很重要，因为你将有更多选择的余地，也将赢得更多可供支配的时间。

小贴士：

虽然“小富即安”没有错，但趁着年轻，不妨多积累一些财富。有时候，不是因为书读多了才有钱，而是有钱了才有大量空闲时间读书。年轻切莫受一些消极言论的影响，形成“视金钱如粪土”的情怀。我们不提倡拜金，但我们提倡积累财富，用财富换时间，最大限度地提升自我。

二、怎么才能多存钱

小花想起大学舍友A，曾因为在秀水街看中一件衣服而和店主讨价还价半个多小时，后来店主几乎是故意让舍友看到她一脸不屑的表情，把衣服甩了过来，而舍友不仅没有感觉到尊严被冒犯，反而满脸堆笑快速地把衣服包好，赶紧交钱走人，生怕店主改了主意。

小花又想起大学舍友B，很能赚钱，上学时就逃课出去做兼职，什么超市促销、家教、前台咨询都做过，大学阶段她确实是同学当中最有钱的，但是毕业之后呢？由于过分兼职而影响了学业，成绩不佳的她找工作很难，现在收入还在基本线以下。

小花想有钱，但她既不想如舍友A那样无尊严地省钱，也不想如舍友B那样不计代价地赚钱。那么，该怎么做呢？

小花开始频繁地搜索相关的信息，也看了大量的刊物，如《雪球专刊》《她理财》等。看来看去，小花总结出赚钱的几个方法：

一是炒股票。几乎所有的杂志都推荐了股市，但又不约而同地提醒读者股市的风险。小花手头有点存款，也想进去炒一炒，但是一看股市那些密密麻麻的红绿线，再一看网上那些股民跳楼的帖子，立即偃旗息鼓。

二是P2P。这是近年来比较热门的一种投资方法，比股市风险小，又比储蓄利润高。小花特意看了一集郎咸平的节目，发现了一个不错的理财平台叫作“爱投资”，本想存钱进去，但是一想起身边人多次提及“P2P可也不保险呢”，于是又退缩了。

三是理财产品。相对来说这是小花最熟悉的领域了，理财嘛，平时父母也会买的。小花咨询了在银行工作的同事，得知理财产品也并不保底，尤其是基金类，货币基金才相对稳定，于是小花也花了眼。

看着这些林林总总的指导，小花要抓狂了——富起来，好难啊！

小贴士：

如今全民理财热，但是，并非所有人都适合理财，也并非所有项目都适合年轻人。从各类刊物学习理财确实是好办法，但一定要有专业人士指导，切莫随意投资。尤其是股票，一定不能抱着“我一定要大赚”的想法入市，反倒是“这些钱我目前用不到，如果损失了也不会对我的生活造成太大的影响”的心态才是健康的炒股方法。

成也攒钱，败也攒钱

一、理财，从记账开始

“琳达，好琳达，那你教教我，怎么才能赚一笔？”想通了钱的重要性，第二天早晨趁着佐伊不在，小花急切地跑到财务室。

琳达对小花谦虚好学的态度非常满意，她扶了扶眼镜道：“嗯，有这种态度不愁富不起来。接下来，我这个老财务给你讲讲优秀的财务习惯吧！第一点就是——要记账！”

“记账？”小花有点失望，她以为最重要的理财习惯应该是投资之类的大招呢！

“可别看不起记账。你问问自己，上个月花了多少钱？”

“这个……”小花一时想不起。

琳达说：“如果没有记账习惯，百分之八十以上的人都回答不出来。但是，有记账习惯的人不仅可以说出自己花费的总数，甚至还可以说出自己各方面花费的百分比。这就是差距！”

小花连连点头。

“很多人看不起记账，认为很麻烦，很浪费时间，过得很小气。抱这种想法的人往往误解了记账的真正意义——记账并非是逼你少花钱，在新社会过旧社会的日子，而是为了科学分析支出方向，找到省钱的途径。”

琳达果然有水平，几句话就说得小花分分钟想要开始记账。但是琳达伸手拦住了小花：“别先急着记啊。虽然记账是件小事，但想做好却需要一定的技术。首先，正如所有的数据统计一样，记账的效果并非一朝一夕可以显现，只有持续、条理、如实地记录，才算得上是成功的记账。”

“说到持续其实有点难度，平时工作这么忙，每消费一笔就记住，很麻烦的。”小花说。

“对啊，‘工欲善其事，必先利其器’。想要记这样的账目就要有合适的手段，随手带一个小本子——别太大，别太厚，方便翻阅。如果不爱动手写字，也可以在手机里下载一些记账软件。”

小花立即就在手机上下载了几款软件，准备回去试用一下。

琳达接着说道，“记账是为了提供财务分析的基本数据，因此记录后要经常性地翻阅账目，弄清收入和支出是否有问题，支出是否有不合理之处——比如化妆品类消费太多，学习类的投资太少，等等。记住——记账并不是目的，而是手段。”

“可是……”小花犹豫了一下，还是提出了自己心中的一点小想法，“记账看起来好可怜哦，感觉像是葛朗台呢。”

琳达哈哈一笑：“你还是太年轻，体会不到记账的好处，有这样的想法也难怪。记账的好处可多呢，它甚至能控制消费欲望。我年轻的时候也爱买个花布裙子什么的，有时候一买好几条，穿也穿不过来，只有掏钱那个瞬间的爽快。等到记账之后，掏钱之前我会想：哎呀这笔钱记在我的本子上可是好大一个数目哦。瞬间就会冷静下来，从中挑到最合适的、最想要的、最有性价比的商品。”

小贴士：

随着“月光族”越来越多，改善年轻人的财务习惯已迫在眉睫。记账，就是养成良好财务习惯的第一步：记录自己的财务状态，分析自己的收支比例，发现财务的增长点和漏洞，值得我们每个人持之以恒地坚持下去。

二、光攒不理，财不理你

“琳达，只要记账就行了吗？我就能富起来吗？”小花问。

“当然不行啦，你还得积蓄啊！当你通过记账发现自己每个月的高消费点之后，应该就能在现在的支出当中节省一部分出来了，这部分就叫作积蓄。很多年轻人觉得‘我还年轻，不能像老头老太一样存钱’，这其实是大错特错的，每个人的挣钱能力都会随着年纪的增长而逐渐降低，而支出却会因为岁月的更迭而越来越多，此时不攒，更待何时？首先，不要小看每个月的存款，哪怕是500元呢，总比没有要好。之后就要制定一个强制的存款目标，每个月坚持存下一定的数目，必须达到，不能妥协。这个数目不宜太大，比如你工资7000元，每月目标存5000元，第一个月存完了钱就没有饭吃了，第二个月必然不能继续坚持。”

“那么，到底存多少钱合适呢？”小花问。

“这就展现出记账的好处了，通过记账，就能发现每个月哪些钱是可以省出来的，也就能估计出适合你的、大致的存款数目了。”

小花笑了：“完蛋了，我每个月可存不下多少钱。”

琳达摇摇头：“别看这钱少。爱因斯坦说过，‘复利堪称是世界第八大奇迹，它的威力甚至超过了原子弹。’举个例子，假设一张0.04平方米的普通纸张足够大，将其对折，再对折，如此重复对折64次，大概会有多高？一般人都觉得纸才薄薄的一层，几乎可以忽略不计，对折64次，撑死了也就几层楼那么高。而事实是一张薄薄的纸，对折64次后高度可以达到……记不住了具体的数字了，我上网查查——哎呀！166020696万千米！这个长度是什么概念？地球到月球的距离，才38.4万千米。”

小花被琳达的话惊得一愣一愣的，财务室里的其他人也都放下手头的工作认真地听。这时候，身为出纳的薇薇安说话了：“琳达，你说得很有道理，但我觉得啊，你的财务习惯偏向保守，不能光存钱，还得理财！”

“理财？”小花把脸转向薇薇安。这段时间小花颇有理财的意思，但却不知从何下手。早就听说薇薇安是个“小富婆”，如果能听到她的意见就太好了。

薇薇安喝了一口茶，说道：“我刚入职的时候，正是房价高峰期，年终奖拿到手之后高不成低不就，既花不完又付不起首付，怎么办呢？我就决定理财。那时候也不懂理财啊，以为理财就是找一家银行，把钱给大堂经理然后拿回一张单子就行了。看看，那时候的我多幼稚。等到我深入了解之后，哇，不看不知道，一看吓一跳啊！门道多着呢！当时我思来想去，觉得这点钱与其存在银行里，也赚不了多少，不如赌一次！于是我把钱分成了对半的两部分，一部分投入了股市，一部分存进了货币基金。”

小花感叹：“你可真有魄力！”

“别看我的钱少，但我的考虑却是慎重的。投入股市的钱是为了大赚，投入货币基金则为了相对安全。事实是：天助我也！我投入股市的钱翻了近一倍，我又把这些钱投进去，钱生钱，赚得不亦乐乎。当然了，这种投资也是借助于当年市场前景好，不然凭我个人的能力赚不了这么多。但我想说的是，年轻人的理财也不宜过于保守，在目前不太缺钱的情况下，如果手头有那么一笔不怕亏掉的钱，可以尝试一些更大胆的理财和投资。毕竟，只‘攒’不‘理’，财还是不会理你的。”

“一石击起千层浪”，薇薇安的话立即引起了大家的热烈讨论，财务室里的“小富婆”们都把自己的财务习惯和小花分享。不过其中还有一个观点让小花觉得非常有道理——别漏财！薇薇安说：“真别说存钱和理财了，我们绝大多数年轻人只要能不漏财，就都能小发一笔了。”

“什么叫漏财？”小花没有弄懂。

“就是花了不应该花的钱，没节制地买买买呗！看看你的衣柜，有没有从来不穿的衣服？看看你的化妆台，有没有过期了却没有用完的面霜？”

小花拼命点头，想起自己卧室里那些甚至没有剪过标签的衣服。

“想要克服这个毛病，一定要记住三句话——冲动是魔鬼、贪图便宜是大敌、提前消费不划算。”

小花急忙对照自己的消费记录，发现自己确实存在冲动消费的情况，贪图便宜的时候更多，极易因为某物打折而疯狂买进，最后完全用不到。此外，小花还爱办各种各样的储值卡，把资金都锁死在各种商户那里，很不划算。

如果改掉这些毛病……小花开始畅想，顿时觉得存款多了一个亿。

小贴士：

健康的财务模式并非没有范本可循，通常情况下可按照“4321”的模式来分配。40%用于供房贷及其他项目投资；30%用于生活开销；20%用于安全性高的存款储蓄；10%用于购买保险。建立稳定的财务模式后，再配合理性的消费以及持续稳定增长的收入，不富起来都难。

三、理自己的财，富自己的家

当晚小花把理财计划做好，乐呵呵地晒在了朋友圈。很快，平时从不给小花点赞的朋友们都冒了出来，一个个对小花的理财做出评价。其中很大一部分人这么说：

“哎呀，富不了的。”

“预祝你成功，但这都是理想状态。现实很骨感的！”

“有人理财一年赚了十万元，因为他的本金有一亿元。你拿一万元钱去理财，永远也富不起来。”

一盆盆冷水顿时把小花的热情给浇灭了。自己满怀激情做出来的理财计划却被大家认为不值得，自己想想，也顿时觉得不值得了。

几万元钱，理来理去也不就千把元？有什么意思呢？

第二天，小花把自己的想法告诉了琳达：“我朋友劝我，有那个钱还不如买点自己喜欢的东西，添几件衣服享受青春呢。”

琳达从鼻子里“哼”了一声：“嗯，你这朋友说得‘真有道理’。那我且问你，说这话的朋友她富有吗？”

“她……”小花认真地回想了一下。说这话的朋友是小花的小学同学，是朋友圈里的活跃分子，平时总晒各种高档的衣服和包包，还经常看到她出入日韩旅游（后来经核实那都是为了去代购），去年底小学同学聚会的时候，听说她几乎是月空，有次得了急病都掏不出钱来看病，是跟朋友借钱才过了关。

“她可能没什么积蓄。”小花说。

“这就是了。持这种态度的人，怎么可能有积蓄呢？她们永远觉得今天的钱不值得存起来，以后赚了大钱再想办法‘钱生钱’。却不知道，今天的小钱不肯赚，明天的大钱永远也不会来。”琳达又扶了扶眼镜。

“但是琳达，人家说得也有道理。我就这么几万元，又不打算进行高风险的投资，最后也生不出多少钱嘛。”

“你错了，小花。首先要相信心态对金钱的作用——所谓‘你不理财，财不理你’，你如果不端正对财务的态度，那永远都别想富有。此外，还要相信时间对金钱的重要作用，再少的钱也会随着时间的更迭，在复利的作用下变成大钱。”

琳达果然是财务高手，几句话就把小花说得拨开云雾见太阳。小花下定决心：从今天开始，要理财啦！

小贴士：

理财的关键是：时间。勿以财小而不理，切不可以为“我的钱好少啊还是算了吧”，殊不知正确的理财方法，加上持之以恒的习惯，都可以让金钱在不知不觉中增加。年轻人，要学会向时间讨效益！

信用卡是一把“双刃剑”

一、没有信用卡？OUT了吧

高中同学梦梦来南京看望小花，多年不见，甚是想念，两个女生自见面起抱在一起聊到半夜，第二天早晨梦梦依旧神采奕奕，拉住小花迫切地说：“带我去逛逛吧！小花。”

“好啊，去哪儿？”

“新街口！听说那是个大商圈，我们那个小城没有这样的购物好地方。”

说走就走，二人装备停当直奔新街口而去。彼时时间还早，许多店铺才开张，这个被誉为“中华第一商圈”的购物天堂像刚睁开眼睛似的，有一种安静的美。但这并不能影响梦梦的心情，她已经冲进商场，开始了“厮杀”。

真的是厮杀。小花发现梦梦根本不是来“逛逛”的，她是来“血拼”的。

说心里话，南京的物价并不算低，梦梦购买的也并非性价比超高的东西。

“你干吗买这么多？多贵啊！”小花说。

“爽啊！女人就是要对自己好一点！”

“但是你昨天晚上还说生活紧张，工资不够呢，哪儿来这么多钱买东西？”小花睁着大眼睛问道。

“工资是不够花啊，但是我有信用卡啊。先刷了卡，有钱的时候再慢慢还。”梦梦得意地看了一眼小花，把卡递了出去。顿时，又有一个新的包包到手了。

小花看傻了眼。她从来没有用过信用卡，不知道用信用卡这么帅气。梦梦拎着刚买好的包，又朝着双面呢大衣的柜台奔去，边奔边问：“小花，你不会没用过信用卡吧？”

“没用过。”小花喃喃道。

“哎呀你真是老土了！这年头谁不用卡啊？”梦梦吃惊地看着小花，“你看身边好多人，过得很光鲜了，不见得是有多少钱，而是有卡。有了卡，你可以买很多本来买不起的东西，提前过上你想要的生活，这多么美好！”

“但是，信用卡又不是提款机，刷出去的钱总是要还的啊。”小花不懂。

“哎呀，还嘛当然是要还的，但只要以后慢慢还就行了，哪里急得到一时？”梦梦不在乎地摆摆手，之后就一头扎进昂贵的双面呢大衣专区里了。

小花跟在梦梦后面慢慢地转着，心里乱成了一团。她想起以前实习单位里的姑娘，人称“小苹果”的。之所以她会有这个绰号，是因为每当苹果手机出新款的时候，这姑娘都会第一时间买回来，是苹果机的铁粉，于是被称为“小苹果”。当时大家实习工资都不高，温饱尚有困难，小苹果居然有钱随时更新手机，令小花非常吃惊。后来小苹果告诉小花：“信用卡啊！先刷了，然后分期慢慢还吧。”小花亲眼看到小苹果刷了新款手机之后不久，又买了更新款，旧的款还没有偿还上，新的分期已经开始了。

当时，小花觉得这种“寅吃卯粮”的生活方式很不可取，所以下定决心绝不这样。但是细想想：小苹果过得比自己潇洒。在小花还用旧的三星手机时，小苹果已经用苹果高清的镜头拍世界了。

那么信用卡……是不是真的应该办一张？

在梦梦进试衣间的时候，小花掏出了手机，在知乎里翻帖子，一翻吓一跳：原来现在已经有那么多人都用上了信用卡，有很多人用信用卡改善了生活，缓解了经济压力，甚至还有套现发家致富的极端案例。

“小花，愣什么呢？我又买了一件！”梦梦拎着新大衣出来了。

小花看着梦梦，心想：我不能像梦梦这样乱花钱，但是也不应输在时代的潮流里。这个信用卡，真应该办起来！

小贴士：

很多大学生走出象牙塔后，对信用卡的概念很模糊，会想到："办信用卡有什么用？花掉的钱还是要还的，而且搞不好逾期了很麻烦啊！"实际上，信用卡并非是缺钱了才办的"穷人卡"。信用卡可以提供应急周转资金，简化日常消费，同时作为一种资本运作，可使年轻人在长期的使用过程中重新认识资金和时间的价值。

二、信用卡，有利也有弊

三天之后，梦梦装着一箱子的购物收获，喜滋滋地离开了南京，除了给小花留下满屋子的包装盒之外，还激起了小花想要办一张信用卡的心思。周一上午，小花去财务室开收入证明，薇薇安看了一眼小花的申请："哎？你才办第一张信用卡？早就应该开始办了！"

"薇薇安，你也用信用卡？"据小花了解，薇薇安绝对是收入大于支出的白富美行列，没想到她也用信用卡。

"当然用，我还不止一张呢！"

"薇薇安，你又不缺钱，为什么要办那么多信用卡？"小花不解。

薇薇安哈哈一笑："Flower你真可爱，办信用卡可不是因为没有钱花！这个观点太老土啦！如今大家办卡，都是因为信用卡好处多。”

于是趁着财务琳达总管不在办公室，薇薇安好好地给小花上了一节信用卡的课。

“信用卡的好处多着呢！最重要的一点就是：消费滞后，可以让资金在手里多留一段时间。比如你这个月花了一万元，刷信用卡之后可以下个月再还。在这一个月期间，原本应该用于还款的一万元还在你手里，就可以进行投资。如今投资理财的软件那么多，哪个放进去不能涨点钱？这就实现了生利的效果。如果你可以算计好还款日期之间的空隙，甚至可以做到两个月以后还钱，那时候生出来的利就更多了。”

“这样啊！但生出来的钱毕竟有限啊？”小花觉得吸引力不足。

“如果你觉得这方面好处不明显，那么……”薇薇安一笑，“如果不记账，你能清楚地知道自己每个月花了多少钱吗？信用卡可以帮你知道自己花了多少钱。每个月还款的时候，你都知道上个月刷了多少，是否超过了收入水平，是否超过了平均消费水平，这个数据不是很宝贵吗？”

小花点点头，确实如此。

“此外，信用卡还有很多额外的好处。某些银行的信用卡消费时会有优惠，比如招商银行经常在吃烤肉时可以半价，这种优惠为什么不享受？而且信用卡还款记录良好的人，在办理银行贷款时会比从未用过信用卡的人更容易，因为银行默认你是一个有信用且会维持良好信用的人。”

这些好处倒是小花始料未及的。正在这个时候，琳达回来了，恰好听到了薇薇安和小花的谈话，于是怒喝一声："不能这么想！好处是有，坏处也不少呢！刷信用卡刷坏的人，我见得多了！"

于是，刚从银行办业务回来的琳达顾不上喝一口水，就讲起了自己见过的信用卡反例。

"刷'爆'卡什么意思，你们懂吗？就是支付远远高于自己的还款了，还不上就得再开卡，拆了东墙补西墙。还有一些年轻人选择分期还，被银行收取手续费，一期一期地压下来，债务越来越重。现在的年轻人自制能力并不好，如果是现钱现花，花光了就会收手，但如果使用信用卡，额度那么高，即使花费已经到了警戒线，年轻人也不一定收手，会继续无限制地花下去。"琳达喘了一口气，说了一句很有哲理的话，"信用卡就是创造了富有的假象，背后的代价却需要用很长的时间偿还。"

这句话说得小花顿时腿软。见小花要把信用卡申请抽回去，琳达也自知说得过了，急忙道："也不是人人都不能办卡，我觉得你的自制力蛮好，是可以办卡的。不过就是提醒你，切不可把信用卡想得太美好，要在刷卡的过程中随时保持警惕啊。"

小花看着手里的信用卡，才知道：这真是一把"双刃剑"。

不过每个年轻人都得过这一关吧？

小花决定，还是试验一下。

小贴士：

信用卡的普及有其必然性，本身有很多好处，但同时不合理的信用卡消费也会带来巨大的问题，比如超额度的不理智消费，过期不还款导致信用受损，等等。利与弊存在于事物的两面，一切都得靠自己把握。

三、让自己变成奢侈品

小花成功办理了信用卡，使用得顺风顺水，但新的问题伴生着信用卡而来。

办卡一个月，社里组织小花和同事捷琳去台北的宜兰县采风，撰写一篇关于时尚赏鲸的文章。这是难得的美差，小花和捷琳在拍图、收集资料、制定达人推荐路线的同时，也玩得不亦乐乎。到了机场免税店，两个女孩更是疯狂采购，不过，小花远没有捷琳疯狂。小花不过就买买化妆品，单价都不超过300元，而捷琳直奔包包专区，挑起了各种奢侈品。

“多贵啊！”小花说。

“你不是有信用卡吗？先刷了再说。”

“可是……太贵了，我还不起。”小花摇摇头。

这时候，惊人的一幕出现了，捷琳以及店里正在选购的另外两位年轻女子齐刷刷地开始教导小花：

“做女人怎么可以这么不精致？”

“你看你，身上的衣服是名牌吗？不是名牌能穿出气质吗？女人就是要让自己穿得好，那种底蕴才能由内而外地散发出来。”

“你再看你的包，就是商场那种普通300元一件任选的吧？这是对待生活的态度吗？怎么可以这么漠视生命呢？”

“真的，改变从现在做起。”

小花一直觉得自己的衣服和包包很不错，从来没想过衣服与生活态度会挂钩评价。小花虽然咬着牙依旧没有购买奢侈品，但心里却像吃了苍蝇似的不舒服。

在候机大厅里，捷琳依旧给小花进行“生活态度”教育。

捷琳说：“我之前认识一个作者，一直给我供稿的，平心而论，稿子也写得很不错。但有一次我约她出来，一看，哇呀！她居然穿的就是那种H&M的爆款。你能想象吗？一个已经30多岁的女人，穿那种100来块钱的上衣，还有那种很普通的休闲棉布裤。从那之后我就基本不会再向她约稿了。我觉得她太Low了，不能满足我对精致女人和精致稿件的要求。”

小花有点震惊，开始反思自己的人生了：就算是我不追求奢侈品，但其他人未必不追求。如果他人以衣装取人，我不就输在第一眼了？

回到南京，小花再次梳理自己的财务状况，准备每月分出一部分银子用于奢侈品——最差也得是高档品——的选购。午休时间，小花对着自己的财务本子唉声叹气：“唉，实在是买不起啊。”

“你又忙活什么呢？宜兰的稿子做好了吗？”佐伊凑过来问。

“还提宜兰，如果不是去宜兰，我也不至于这么烦了。”小花把机场免税店的事和佐伊说了。

听完之后，佐伊没有赞同反倒是冷笑：“林小花同志，有时候你真是单纯得令人发笑。你知道捷琳说的那个作者是谁吗？”

“谁？”

“凌江清！”

“凌江清？”小花惊喜地睁大了眼睛。

“是啊，说到凌江清，连你这个刚入行的都很仰慕，对不对？捷琳不向她约稿是捷琳的损失。凌江清这样的写手可是编辑们抢着要的。可见，穿什么衣服并不重要，重要的是你做什么事，有什么样的成就。与其在这里算钱，想着买奢侈品包装自己，不如多用心思把稿子弄精、弄细，一鸣惊人才好。”

也是巧了，一周之后小花有幸见到了凌江清。那天天气晴好，凌江青穿了一件蓝灰色的棉布上衣，下身是肥肥大大的软牛仔裤子，脚上蹬着一双老北京布鞋，没有什么高档品，但是有一种说不出的清爽和优雅。小花一直盯着凌江清，倒把凌江清看得心里发毛了：“这是怎么了？编辑大人，我有那么倾国倾城吗？”

“有，本编一见就心动。”小花打了个哈哈。她给凌江清倒了一杯水，问道，“你平时见编辑都穿得很随意？”

“哦，如果是正式场合还是会穿正装的。平时嘛就是这样。”

“不用奢侈品包装自己？”

“买不起。”凌江清一笑，但小花知道这是谦虚，依凌江清的财力绝对买得起。

小花又问：“凌老师，如果你不穿得高端一些，有些编辑不重视你怎么办？”

“编辑重视的应该是我的思想和我的文字，我穿的衣服又不能编到杂志上去。”凌江清很自信地说。

小花点点头。的确是这样，一个人如果能够像凌江清这样，凭自己的实力产生自信，就不会在乎穿什么衣服拎什么包包了。如果有人觉得凌江清穿得很Low，那么恐怕Low的是她自己吧？

小花放弃了自己的“奢侈品消费计划”，任凭捷琳经常到她面前讲述买高端品牌对女人的好处。在小花看来：个人的层次不是穿戴决定的，重要的是内心与实力。

小花决定，不借外物，不过度消费，凭借努力，让自己变成最好的奢侈品。

小贴士：

如今社会上兴起了一股不正的“奢侈品风”，倡导购买“最贵的”而不是“最适合的”，从而造成年轻人的过度消费，使其产生巨大的财务负担。实际上，穿什么并不能决定你的气质，相反，应该是气质决定了你能把一件衣服穿出什么样子。一件衣服，只要你觉得合适而舒服，那就是最好的，它绝不应成为你的标签，也不能成为衡量一个人的标准。

财务自查：你的生活安全吗

一、“有钱人”被毁掉的生活

这是个平静周末的下午，小花喝着茶读着书，一切都刚刚好，直到……接到冯晋的借钱电话。

当时小花整个人都懵了，并非是没想过有人会向自己借钱，而是没想到，像冯晋这样的“有钱人”会向自己借钱。

在小花心目中，冯晋绝对是高品质生活的有钱人：住着豪华大公寓，开着漂亮的宝马车，老婆不用工作，宝宝在收费奇高的私立幼儿园。冯晋还频繁举家出国旅行。小花经常在朋友圈看到他们一家人躺在洒满阳光的白沙滩上，身边放着冰块摇曳的香槟杯。

多么令人向往的生活啊！这样的人，怎么会向我借钱？小花心想。

电话里冯晋说得很恳切，希望小花借他10万元渡过难关。小花手头实在紧，挪不出那么多钱，商量来商量去，拿出5万元。为这5万元钱，昔日的“有钱人”对小花是千恩万谢的，令小花又惊又窘。

钱刚转账，苗苗的电话就打了进来。苗苗一听小花把钱借给了冯晋，气不打一处来：“你傻啊！还借5万元！这钱打了水漂了！冯晋还不上的！”

“他……他不是很有钱吗？怎么会还不上我的钱？”小花喃喃道。

原来，冯晋遭遇了大麻烦。先是女儿生了病，需要一笔现金，而冯晋所有的积蓄都在P2P理财，一时半会儿拿不出钱，冯晋的父母又是农民，没有什么积蓄，无奈之下，冯晋选择了信用卡取现的方式支付了住院费，后期又通过信贷的方式支付了进口药费等。借钱之初，冯晋心里一点也不虚，毕竟自己有高收入的工作，又有大量的积蓄，但不承想，“屋漏偏逢连夜雨”，冯晋所在的公司突然裁员，冯晋因财务上的一点小问题，被人咬住不放，也在裁员的名单里。

按理说，像冯晋这样资质的人才，跳去别的公司也不难，但是短期之内断了收入，女儿又急等用药，信贷还款催得很紧，在这种情况下失业对冯晋的打击是致命的。

冯晋决定把自己的P2P理财取出一些来，填补目前的亏空。然而这是2018年的春天，看似繁荣的P2P市场已经危机四伏，冯晋投入了几百万元的三家P2P分别倒台跑路，留给他的是不可取现的余额，以及公安局送来的备案单。

就算这样，打击还没有停止。在女儿没有保险、继续大额支付药费的时候，冯晋的父亲被车撞伤，肇事者逃逸，母亲因为受不了打击也住院了。作为农民的他们只有小额的医保，不足以支付医药费，冯晋只能四处挪借。与此同时，信贷利息和信用卡取现利息的还期也在逼近冯晋，高级公寓的房租也成为重大的负担——冯晋没有买房。

听完之后，小花只觉得背后丝丝发凉。实在太惨了，两个月的时间，就把一个生活在“顶尖”的人击落到了“尘埃”里，甚至要向小花这样算不上知己的朋友借钱。

苗苗说：“你觉得惨吗？我也觉得。所以一开始他向我借钱的时候，我也借了。但是后来，我听了一个朋友的分析，开始觉得‘可怜之人必有可恨之处’了，所以才来劝你不要借钱给他。”

“苗苗，你怎么变得这么冷漠，这毕竟也是同学啊！女儿重病，老爸车祸，投资又跑路，这时候当然应该帮他。”小花生气了。

“小花，我不是那个意思。朋友有难了我们确实不能袖手旁观，但你有没有想过，他以前的收入并不低，如果好好经营生活，现在至于过得这么惨吗？”

小花顿时哑口无言。

后来，小花又陆续和几个同学联系，发现冯晋把身边的朋友借了一个遍。由于境遇实在可怜，第一遍借钱的时候，大家都肯解囊，但是一个月之后冯晋再次转圈借钱，就不那么灵了，大部分同学都不再借钱给他了。

小花也是如此，之前的5万元已不指望冯晋偿还，但是新的借款，小花也不会填进去。毕竟谁的钞票都不是大风刮来的，小花也有自己的生活。

只是，小花时时会想：冯晋啊，你怎么会把日子过成这样?

小贴士：

很多人都会遇到朋友、同事向自己借钱的情况，并为此烦恼。从原则上讲，人若有难，能帮则帮，但对无偿还能力、好逸恶劳之人，也要不讲情面，敢于说“不”。毕竟，连莎士比亚都说过：“不要向别人借钱，向别人借钱将使你丢弃节俭的习惯。更不要借钱给别人，你不仅可能失去本金，也可能失去朋友。”

二、如何保障财务安全

冯晋借钱事件结束不久，杂志新开了一个理财专栏，小花负责对接，便认识了作家简屏。简屏虽非财经专业人士，但是写过关于家庭理财、个人投资等方面的书籍，反而比某些财经专家更接地气，也更了解大众的不易。下午喝茶的时候，小花想到了心中的疑惑，把冯晋的事情简单地和简屏说了。

“他的问题出在哪儿呢？”小花问。

“财务安全。”简屏说。

“你这个叫冯晋的同学，是典型的财务不安全人士。如今有很多人收入不低，生活也风光，但实际的财务状况却危如累卵，经不起一点打击。之前我的读者经常写信问我怎么理财、怎么发财，我却时时劝告他们，在想要发财之前，先想着把自己的日子过得安稳了，想办法怎么财务安全。”简屏补充道。

“那么，到底怎么才能财务安全呢？”小花急忙问。小花没有那么大的野心非要大富大贵，但有冯晋这个先例在，她确实担心自己一击就倒。

“财务安全，说起来很高深，但对于咱们老百姓来说，其实非常简单，尤其结合了冯晋这一案例来说，就更容易理解。”简屏给小花上了一堂简单易懂的财务安全课。

问题一：你有稳定而充足的收入吗?

再强大的节流也比不上开源，收入是保障财务安全的第一要务。现代社会的年轻人，只要肯努力，一般都会有不错的收入，但重要的是你的收入“稳定”吗？支撑家庭“充足”吗？

以冯晋的事件为例。冯晋的收入看似不错，甚至是普通人收入的几倍，但是一旦分摊到家里所有无收入人的头上，这份收入立即就会显得不足。冯晋一个人的工作，要支撑老婆、女儿、父母以及自己五个人的生活，立即就会显得捉襟见肘。所以遇到人生风浪时，所谓的“高薪”并不能拯救冯晋的家庭于水火之中。

至于“稳定”，长久以来年轻人都错误地理解了这个意思，以为做了公务员，进了机关事业单位才叫稳定。其实不然，能够持续地赚到钱，就是一种稳定。从冯晋的能力来讲，他的收入应该是稳定的，但却在关键时刻被开除出公司，这说明平日里他缺乏一定的危机意识，没有意识到公司的人事调整，也没有意识到自己的岗位出现问题，这都是需要自我检讨的地方。

想要解决冯晋出现的问题，其实并不难。首先，让妻子也上班，赚一份工资，成为另外一个备用的“稳定的收入”。也许这份工资不多，平时发挥不了什么作用，但到了关键时刻，一点点进项都能够成为希望，起到雪中送炭的作用。冯晋应在拿着高薪的同时，保持一种警觉的态度，早发现公司的变动，早给自己找到新的出路。

问题二：是否有适当的、收益稳定的健康投资？

综观冯晋的不幸事件，插得最深的一刀恐怕就是投资了。冯晋手里的存款并不少，但是全都投入了P2P。P2P是近年来兴起的一种高收益的投资平台，操作方便，收益日日到账，实在是诱人。我并不是不支持冯晋投资P2P，但冯晋把所有资产全都投资P2P的行为就不科学了，高收益的背后还有高风险，一旦崩盘，很难翻身。

也许你会说，冯晋也事先进行了考虑，他分别使用了三家理财平台。实际上这是一种伪“狡兔三窟”，三家理财平台的性质是相同的，都是P2P，都无法摆脱P2P自身的隐患，所以赚的时候一起赚，崩盘的时候也不能起到备用金的作用，没有任何安全性可言。

如果冯晋能够把几百万元的积蓄进行分类投资，分为保守型、常规型和激进型，一部分存入银行作定期储蓄，保障安全；另一部分购买大家常用的基金；再一部分投资P2P或者股票，那么出现问题的时候，至少银行里的钱可以如数取出，以解燃眉之急。在这里多提一句定期储蓄的问题。现在的年轻人普遍不喜欢银行的定期储蓄，觉得收益太低，时间太长，是“老人家产品”。实际上，定期储蓄如果时限够长，收益也是可观的。更何况，它的安全性是其他所有理财都不可比的。

问题三：你有适当的财产和人身保险吗？

写书这么多年，人间悲剧真是看多了，我发现财产和人身的不安全造成的打击可以毁灭一个看似稳固的幸福家庭。我认识一个记者，高收入，生活幸福，但是房子着了火，虽然家人都是平安的，但是大火烧掉了家里所有的东西，还连累了楼上的邻居。赔下来，倾家荡产，痛不欲生。

反观冯晋的事例也是一样。冯晋的女儿及父母都是没有保险的经济高危群体，一旦住院，花费高昂。这时候如果任何一个人有足够的保障，都能够立即缓解这个家庭岌岌可危的经济状态。但是很可惜，没有。

我看到太多被病症拖垮的家庭。没有保险的家庭就像是一颗“定时炸弹”，看似平平静静，但说炸就炸，惊天动地。如果冯晋能够把自己的生活重来一次，他肯定会拿自己的收入先给女儿和老父母各上一份保险。

但很多人都是在出事之后才这么想。

问题四：有没有适当的住房？

这个问题争议可能很大，毕竟社会上很多人倡导的是不买房的生活。但我不得不说，有一套住宅对于家庭的财务安全来说太重要了。在冯晋的故事里有这么一个细节——他需要交房租。冯晋虽然收入高，但是始终住在别人的房子里，在出事之前房租对他来说是件小事，但出事之后，还需要月月续租，那种痛苦就难以言表了。

想来冯晋只能搬离高级公寓了。我相信在搬出去的瞬间，冯晋及家人的精神会受到重大的打击，尤其是入住的房子不如从前，会给这个家庭的幸福感以双倍创伤。这时候，自己的房子就体现出优越性了，它的存在会让你有一种“日子还像以前一样过，一切都会好起来”的安慰感。

即使最后连自住的房子也保不住了，冯晋也还可以将不动产转卖，换到一笔款来填补现有的漏洞。而且即使不卖房，有不动产也比没有更容易借到钱——无论是向同学还是向银行。

问题五：是不是有足够的现金流?

这是人人都容易忽略的一点，认为“有钱要用在刀刃上”，所得收入要么用于投资要么花掉，眼巴巴地放在身边不合算。实际上，凡事并不能仅用“合算”来考量，保持一定的现金流绝对是值得的。回头再看冯晋的例子，在女儿入院之初，由于没有现金流——所有的投资被锁死，只能采用信用卡取现这种高利息的手段，后续又向信贷公司借款。如果冯晋能够保证一定的现金流，至少损失会比现在少得多。

在一个家庭里，既要有几乎不动的财务根基，又要有可以随时流动的现金模块，这才是安全的模式。

简屏讲完了，喝了一口茶。

小花早已听呆了。扪心自问，小花不算是一个财务安全的人，但幸运的是，她的人生目前还没有出现财务危机，还来得及采取弥补措施。

小花掏出小本子，在理财项目之后又列出了一项新的人生目标，并加上了重点号：林小花，别被虚假的繁荣蒙蔽，你的财务——要安全！

小贴士：

财务安全包含了多项复杂的内容，除文中简屏提到的几点之外，还有尽量享受社会保障，积极参加医保和养老保险，制订额外的养老计划，等等。毕竟，中年以后，个人的赚钱能力会逐步下滑，未雨绸缪胜过亡羊补牢。

世间通用：最佳理财法

一、理财到底有多重要

小花做了一个梦，梦里她的理财产品全部翻倍，收入逆天。现住的房子被某国王子征用，给出了上亿元的高价。小花拿着巨额的支票，乐得直不起腰。

“嘿嘿……嘿嘿嘿……”小花伏在桌上，半梦半醒中笑出了口水。

“Flower，Flower！”佐伊的声音在耳边响起。

小花没有醒过来，还在睡着。

“林！小！花！”佐伊的声音大了一倍，把办公室所有人的目光都吸引了过来。小花像中了电似的“蹭”地坐了起来，一脸惊恐地看着佐伊。

“佐伊，这这这……这是怎么了？不是午休时间吗？”小花抹了一把嘴角的口水。

“午休的前提是做好本职工作，小花你看看你这写的什么东西？”佐伊把一本清样丢在小花面前。

小花使劲揉了揉眼睛，把清样拿在手里看，越看脸越红。这是一个月之前小花向佐伊争取的一个专版，主要是写普吉岛的最新玩法。如今普吉岛已不是什么冷门旅游地，所以相关的材料也很多，攻略并不难写，但成文后关注度却很高，很容易上排行榜，相当于是佐伊给小花的写作福利。但就算这样，小花还是把文章活活地写坏了——普吉当地有两个名字近似的海难，一个叫卡伦，一个叫卡塔，小花将这两个风格完全不同的海滩活活地混淆了——文中“卡塔”“卡伦”乱用一气。据说校对的魏老师气得头发都立起来了，说小花是欺负她老人家不懂英文。

小花急忙低头道歉，说马上就改。但佐伊却冷着一张脸，嘴里咝咝地吸着凉气：“林小花同志，你最近心里长草了啊？工作一年多了，你总体上表现都不错，但是却阶段性地“抽风”，动不动就给我甩来一个烂状态。上次你买房时抽过一次风了，这次又是因为什么？”

当然是因为理财，但小花哪敢这样讲，只好拿着荧光笔老老实实地改了一下午。快要下班的时候，小花找着一个佐伊心情不错的机会，站在她面前认真地检讨，把最近的思想动态都汇报了一遍。

“哦，原来是想要理财啊。又买基金又买股票还投P2P，你很忙嘛。”佐伊的脸上还是没有好颜色。

“对不起佐伊，我这个人死心眼儿，心里被什么事占住了，就把另外的事给忽略了。以后再也不敢了！”小花连连鞠躬。

看小花这样诚恳，佐伊也不那么生气了，长叹了一口气：“Flower，你想理财想变富，这都是可以理解的。但你忽略了一点，工作是你最大的财富来源，无论你多么会‘钱生钱’，没有了工作，你连本金都没有了，又怎么去理财呢？”

小花急忙点头。

佐伊又说，“我刚入职的几年也像你似的，总觉得自己积攒了几个钱，一定要理财了。但是后来我发现，万变不离其宗，总有一个最佳理财法。”

“什么方法？”小花两眼放光。

“哼哼，那就是……”佐伊卖了个关子，给小花讲起了自己的心路历程。

佐伊刚入职的时候，理财之风并没有如今这么盛行，所以佐伊算是有理财意识的早期时髦人之一。佐伊年终积攒了两万元钱，这在当时可不算是小数目，于是她认真盘算起来：一部分买国债，一部分买基金，还有一部分作为安全保障进行储存。后来，年终又发了追加的奖金，佐伊把追加奖金买了保险——不是普通的人寿保险，而是那种带有理财性质的保险。

乍一听，佐伊的理财计划面面俱到，很先进。但是为了完成这些计划，佐伊付出了很多代价。理应趴在书桌上认真写专题的工作日，佐伊蹲在银行门口和一众大爷大妈等着放国债；理应与同事认真研究世界遗产名录的时间，佐伊偷偷打开电脑看股市行情；理应写征文的截稿期，佐伊早就忘了文字为何物，热情地比较着各类基金的收益率。

佐伊满脑子想的都是发财。

半年过后，佐伊冷静下来，发现自己失去了很多很多。佐伊理财白热化的那个时期，正是社里的“世界遗产专题”征稿期，很多同事都写出了非常棒的稿子，获得大奖，为未来的升职打下了基础，而佐伊没有出任何成果，也失去了在领导心目中原本的“新人当中第一笔杆子”的地位，以至于在社里混不下去，最后辞职。至于佐伊认真选定的理财保险，也在磨合一段时间后发现其实是一个“坑”，既不能完全满足她的保险需求，又没有太大的理财意义。

与之相应的是佐伊的理财收益，收益诚然是有增长的，但这种增长不足以让佐伊大富大贵，连小富即安也做不到。说到底，本金是固定的，即使收益再高也是有限的，更何况股市一夜暴富的神话并没有那么容易地降临到自己头上。

佐伊看着几百元钱的收益，哭笑不得。这半年的精力和那些宝贵的机会，终究是失去了。

小贴士：

如今理财已经成为一种热潮，在“你不理财，财不理你”的指导方针下，很多年轻人沉迷于理财，甚至挤占工作时间理财，办公期间刷网页炒股票。实际上，理财只是一种财富积累的附属，因理财而耽误了本职工作，错过晋升机会，是最不合算的理财方式。

二、真正要理的“财”，是你自己

听了佐伊的讲述，小花不由得伸了伸舌头：这讲的不就是自己嘛。

但是小花也不太服气：“毕竟晋升的机会不多，认真工作就一定会多拿钱吗？”

“一定会。”佐伊叩了叩桌子，每次她做这样的动作，都意味着接下来的话是重点，“只要你选了一个可靠的单位，那么认真工作就一定会拿到高工资。”

2012年，佐伊得到了一个跳槽的机会。当时佐伊的工资是每月4000元，加上稿费等额外奖励，月收入7000元左右，相当可观。由于佐伊做版能力强，文笔适应范围广，便有一个猎头推荐佐伊到一个企业内刊里去，工资在1万元左右。在2012年的南京，万元的月收入绝对是有诱惑力的，佐伊着实动了心。但是作为山羊座的女人，佐伊有其天生的冷静，她发现跳槽并不合算。

且不说再次适应新单位的空档期，也不说企业内刊发展的桎梏，仅就收入来说，虽然目前工资只有7000元，但佐伊在社里已经做了多年，成为了中坚力量，即将面临升职。升职后按照工作年限和岗位津贴的标准来计算，很容易再涨1000～2000元的工资。也就是说，只要佐伊再认真工作两年左右，企业内刊开出的1万元工资额度，就可以轻易拿到，那为什么还要跳槽？

佐伊在这个时候才真正感觉到：工作是增加财富的利器。对于绝大多数人来说，一份好工作带给你的就是无限的希望。工作收入会随着时间的增长而不断提升，且不会轻易地贬值，这是任何理财都不能与之比拟的。

更重要的是，工作投入所得的不仅是金钱，还有人脉。佐伊放弃了看似风光的跳槽，继续在社里工作，半年之后凭借自己与多家出版社接触所积累的人脉，成功地签约了一本关于女性情感生活的图书。出版时正值市面上女性生活指导类书籍大热，佐伊按照版税制拿稿酬，着实赚了一笔。

拿着那六七万元的稿费，再回头看看自己的理财每天增长的收益和已经开始下跌的股市，佐伊真正认识到理财的含义：理财可以是广义概念，用来“理”的不仅有财，还有你自己的实力。

小花倒吸了一口冷气，受益匪浅。佐伊是社里少数的新贵之一，收入颇丰，资产雄厚，曾经以为佐伊有什么好的理财方法，却不知她的理财内涵如此简单而霸气，仅一句话：

好好工作。

佐伊趁此劝道：“你的工作前景很不错，你的专业能力也过硬，领导和同事也都喜欢你。趁着年轻应该多投资自己，少一些急功近利。可别让一时的利益，损害了自己在领导心中的形象，破坏了未来的前景。”

小花认真地点了点头。

回到办公桌前，小花掏出了小本子，重新修改了日常计划。理财，依旧是小花坚守的财务理念，也始终是她生活的一部分。但是小花知道，那绝不应是比重最大的那部分。

“真正要理的财，是我自己。”小花默默地说。

小贴士：

本辑一直在强调理财，但真正目的并不在于引导年轻人“钱生钱”，而是要树立理财的意识，学会尊重自己辛苦所得的财富。在认真经营财富的同时，不忘初心，投资自己，努力工作，这才是世间最佳、最通用的理财法。

辑 四

找到那个人，此生安好，现世安稳

小花也有前男友，小花也有心仪对象，小花也有真命天子，小花和我们每个人都一样。

过去的终将过去，开始的定会开始

一、第二次失恋

7月12日，是小花的生日。

这是小花第一次在南京过生日，佐伊特地号召全办公室的同事给小花开个生日party，平日里与小花交好的乔安娜、琳达等其他部门的同事都来参加了。

这明明是件好事，小花却开心不起来。从早到晚，她总是不自主地去看手机，十来分钟一次，并反复检查是不是断网了，是不是死机了，像着了魔似的。晚间聚会开始，同事齐聚一堂，一道道美味的菜肴端上来，一个个关于小花的祝福送过来，但小花还是有一种“隔着一层”的感觉。一边享受同事的关怀和发出的生日祝福，一边仍然惦记着手机来没来微信。

他怎么还没发来祝福?

小花又一次把手机拿起来，检查是不是欠费了。这时候佐伊笑道：“看起来你人缘真不差啊！从早到晚手机看了上百次了，有多少祝福啊？”

小花心里一惊，手机差点掉到面前的虫草汤里。真的吗？真的已经看了有上百次吗？真的那么在乎那个人有没有发来祝福吗？

小花尴尬地笑笑，决心不再多想，直接关机。晚上11点多，聚会结束，大家各自散去，小花迷迷糊糊地回到家，在万分疲惫里最先做的事就是开机——还有一个多小时我的生日就过去了，他的微信祝福什么时候来？

手机打开，弹跳出无数的微信祝福还有未接来电，但是没有他的。

小花再也控制不住自己了，给苗苗拨了电话。接通之后的第一句话就是：“苗苗，他骗我！他今年没有祝我生日快乐！今天都快要过去了！他肯定错过了！”

从话筒里能够听出苗苗倒吸了一口冷气：“小花，你发什么神经？那是前男友啊！你还指望他祝你生日快乐？”

“可是他……当初我们分手的时候他说，他一辈子都不会忘了我，他不会打扰我的生活，但会在每年我的生日祝我快乐！”小花捧着脸，呜呜大哭起来。

这个“他”叫安玉峰，是小花的初恋。大学时他们同班，一个是生活委员，一个是体育委员。这种安排让小花坚信自己与他有“扯不开的缘分”，于是你情我愿地栽进了恋爱的大坑里。热恋时的小花逢人就讲：“我和玉峰是一定不会分手的，因为我们太有缘了，在别的情侣身上都看不到这种特质，我们是天生一对！”

小花不知道，恋爱就像魔法，即使对象是普通得不能再普通的路人甲，也会让你觉得对方是世界上最独一无二的人。事实证明小花和安玉峰并没有什么天注定的缘分，大学毕业后，安玉峰在父母的要求下回到西南的家乡小城去当公务员，家里也早已经给安玉峰相看了一个当老师的、相貌平平、孝顺父母的好媳妇。

小花有她的骄傲，也有她的无奈。“骄傲”是——“我不能放弃一切跟你走，我也是一个有上进心的、要闯出一片天地的女人”；“无奈”是——“爸妈无论如何都不能让我跟你去那个西南小城，那毕竟太远了，也太荒僻了”。于是，小花和安玉峰就像无数的校园情侣一样，轰轰烈烈地在开学季开始恋爱，又沉默无语地在毕业时分开。

后来的很多年，小花发现生活并不像电视剧那样，分手的理由也没有“婚前堕胎”“小三插足”“豪门恩怨”“失散兄妹”那么精彩或狗血。身边绝大多数分手的情侣都是因为一些小龃龉或小挫折，在细碎的怨念、无法言说的自私和现实的冲击下，爱情就被击碎了。

但小花不是不想他。分手时，他说会在每年的生日祝小花快乐，这就仿佛是一个“我会永远爱着你”的承诺，给女孩以无限的想象。无数个在南京辛苦生活的夜晚，小花都会这样安慰自己：没关系，如果实在过不下去了，就去那个小城找安玉峰吧。

但是，毕业后才第一个生日，安玉峰就忘记了。

小花哭得稀里哗啦，苗苗却沉默不语。好不容易等小花哭完了，苗苗长叹了一口气：“小花，其实是这样的，安玉峰已经结婚了。”

“啊？”小花太震惊以至于把眼泪都憋了回去，“什么时候的事儿？”

“就春节后啊。看来，他毕业后很顺利地接受了父母的安排，和那个优秀女老师结婚了。在朋友圈里，婚纱照、婚礼现场的照片我都看见了，那女人我也仔细看了看，样子很普通的。”

“可我怎么不知道？”小花震惊地从电话页面切出来，去翻安玉峰的朋友圈，但那里空空荡荡什么都没有。

“看来安玉峰发朋友圈的时候屏蔽你了。这也好，他照顾你的情绪嘛。毕竟你也不想看到他结婚的照片吧？”苗苗说。

“他……他结婚了，他……”小花咬着嘴唇，半天支吾出一声，“但是他说他会祝我生日快乐的！”

“小花，你的脑瓜放清醒一点。他结婚了！他以后再也不会祝你生日快乐了！你的当务之急是重新找一个男人，找一个会祝你生日快乐又能陪你过生日的男人！”

小花不吱声，显然心有不甘。

苗苗叹了一口气：“小花，你换位思考一下，如果你是安玉峰的老婆，你希望你丈夫每年祝另外一个女人生日快乐吗？前男友就是前男友，在这个词里，最重要的词不是‘男友’，而是‘前’。过去的，就真的过去了。”

小花的心坠到了谷底，默默地挂断了电话。在这个生日夜里，小花感受到了第二次失恋，也认清了一个非常痛苦的事实：过去的，就真的不再来了，幻想永远也不会变成现实。

小贴士：

前任，是年轻人感情生活中的一大障碍，很多人分手之后却总对前任抱有幻想，纠缠不清。于是“我们一起吃顿失恋分手饭”，“多少年后我们在老地方再聚会”，“你的孩子要取我的名字”之类矫情的要求层出不穷，把曾经美好的爱情糟蹋成混乱不堪的伦理剧，害人害己。前任，终是“前”任，对前任的最好态度就是：随他（她）去，不纠缠。这是对他人的负责，也是对自己的关爱。

二、前男友追回大作战

生日会拉近了大家的关系，第二天早晨的茶水间里，好多同事都装作泡咖啡来关心小花的情感生活：“怎么也没见你男朋友给你送花？也不见他给你过生日？你好像一句都没有提恋爱的事欸！”

“我没有男朋友啊。”小花坦白。

“算了吧！昨天你心神不宁地看手机就是在等男朋友的电话。我们都看出来了！哎，你们是不是异地恋啊？”

小花无奈地叹口气，现在的女孩子观察能力还真是强啊！只有实话实说，那是在等前男友的祝福。

本以为大家会投来同情的目光，甚至爱护地给她泡杯茶，没想到说起“前男友”，人人都有话讲。前男友是大渣男的，前男友藕断丝连的，前男友来借钱的，前男友是同性恋的……好像人人都有个前男友，都有无数以前男友为主角的悲伤故事。

听着同事们杂七杂八地抱怨，小花的心情渐渐好起来，突然觉得安玉峰也没有什么了不起了。这时候，角落里传来了幽幽的声音，是同事米兰的。她端了一杯新泡的菊花茶说："我只想挽回我的前男友。"

空气里顿时弥漫起尴尬的气氛，大家都不好意思再说什么，于是纷纷找借口散开，回到工作岗位上。大家都知道，米兰的前男友是个特别优秀的男人，就是那种"别人家的男友"，也不知道中了什么邪，他看上了脾气古怪的米兰。米兰捡到了天上掉下的好男人，不仅不珍惜，反而"作"得厉害，没事就又哭又闹又摔又打，又吵着要分手。闹了一年多，某天男友突然不陪了，在米兰又一次大吵着要分手的时候，男友说："好，就遂你的愿。分手吧。"

恋爱有一条规律——女人常常叫着要分手，但实际上根本就不想分手；男人很少说分手，一旦说出口就真的不回头。

分手之后，米兰又开始纠缠前男友想要复合。不承想前男友以前异常听话，分手后却无论如何也不肯复合。最近米兰愁肠百转，满心想的就是如何把男友"收复"回来。

看着米兰日渐憔悴的面容，小花都替米兰着急。这可怎么做啊？挽回前男友，简直是不可能的任务嘛！

不过，米兰的运气很不错，她的事例被情感专版的作家凌江清知道了。这天下午凌江清就要来社里谈新的专栏，据说会约见米兰，给米兰出一个"挽回前男友"大招。

凌江清可是小花的偶像，在纸媒不景气的今天，凌江清不仅没有被大潮淘汰转型成微商，反而可以继续辗转于各家杂志开情感专栏，读者忠诚度高，咨询来信像雪片儿似的。这都是因为凌江清不像某些情感作家那么“白莲花”和“圣母”，不会满口都是“要从自己身上找原因”，“要多关爱对方，做一个宽容的女人”之类。凌江清出的主意都是实用性的。

于是，下午凌江清的指导虽然只针对米兰，但是全社有前男友的年轻姑娘都在关注，通过各种渠道打听。小花虽然已无力挽回安玉峰，但也热心地聆听凌江清的主意。总体来说，凌江清的方法分为三步走。

第一点：如果你的男友已经有新欢，就放弃计划。

凌江清说这是最关键的一点。挽回前男友不丢人，但是回头去做小三，就是不道德的了。做女人要有底线，否则就是不爱自己，也不配爱别人。

第二点，别让他以为你想复合，请从朋友做起。

很多分手后的男女都有复合的心，但却想走捷径，想从“我们还像以前一样吧”做起。实际上恋爱是个不可逆的过程，如果中断了就得从头开始，从恋爱之初的普通朋友开始发展。

举例来说，米兰重新接近前男友，不能开口就说“我们复合吧”，而应以普通朋友的身份约对方出来，吃饭喝茶逛公园看电影，不给对方以压力。有时候男人很执拗，你越急着复合回到恋爱状态，他越是不配合。

第三点，找到你的吸引力爆点。

虽然恋爱失败了，分手了，但是当初对方爱上你，一定是看中了你身上某一个最突出的优点。在复合的大作战中，很多女人误以为“因为分手是我的错，所以我一定要让他知道我全都改了，我全都听他的”，这样即使复合成功了，情感生活依旧是一场悲剧。复合的精髓就是“不能失去自我”，当初他怎么喜欢上你的，那么现在还让他继续因为这一特质喜欢你，不要失去自我的闪光点。但同时要注意的是，导致分手的毛病一定要改掉，否则当初是怎么分手的，将来还是会因此分手。

米兰捧着凌江清给的“复合宝典”，高高兴兴地去“作战”了。那天下午，社里有前男友的姑娘们似乎都心有旁骛，不少人都在思考是否要挽回那个还在心里占据着一席之地的前男友。小花虽然已经没有挽回的余地了，但也是心慌意乱的。

“真的可以这么顺利吗？大家都动心了呢。”小花见到凌江清的时候，弱弱地问了一句。

凌江清笑了笑：“没有那么顺利。其实覆水难收，我不支持挽回前任的做法。只是看到米兰太痛苦了，让她试一试罢了。”

小贴士：

有时候，错过的就是错过了。挽回前任固然值得，但过程毕竟痛苦而艰辛。在此期间很可能会丧失尊严、大量时间与精力还有对以往爱情美好的回忆。因此，挽回前任与否请务必好好思考：想要挽回他（她）到底是因为爱情还是仅因为不甘心？为此付出这么多真的值得吗？是不是继续前进寻找新的爱情反而会更好？

每个人都有他的脾气

当米兰第四次挽回前男友失败之后，说：“他说，曾经爱上我是一个重大的人生事故。所以，我们还是各走各的路吧。”

当晚几个小姐妹聚首共餐，庆祝米兰从前男友的阴影里走出来。那天的酒菜并不好吃，但米兰喝醉了，她举着酒杯说：“好！从今天开始！请大家支持我！谁有优质的男性资源都介绍给我。我米兰，要开始相亲了！”

同样开始相亲的，除了米兰还有小花。

小花决定开始一段新的感情，去他的前男友吧！我林小花魅力无敌，宇宙第一！

以前小花总觉得相亲是件怪事，浪漫爱情应该开始于一次雨中的邂逅或者星空下的小憩，但是现在小花已经脚踏实地了：单位与家两点一线的生活里极少能遇到心仪的异性，去超市买东西就能遇帅哥、去逛书店就能遇知音的场景都只在影视剧里发生，如果等着在现实生活中上演，那就孤独终老吧。

听说现在上海、北京都有为工作繁忙的年轻人准备的相亲角，南京虽然没有，但相亲活动真不少。小花先后参加了几场，都没有特别合适的，她决定采取针对式相亲，也就是请亲朋介绍。

于是，通过相亲，小花看到了整个世界。

一、“倒”在相亲的路上

小花接触到的第一个相亲对象条件不错，与她同龄，事业单位在编人员，硕士学历，先加了微信聊天，几句之后小花就感觉到这是个积极上进的事业型男人。于是小花客气道：“啊，感觉你各方面好优秀啊！我就比较散漫了。”

“确实是这样。”对方居然一点都不客气地接受了小花的赞扬，然后对小花进行深刻的教育，“我刚翻看了你的朋友圈，发现你每天吃吃喝喝，闲逛游玩，简直就是贪图享受的代表。我们年轻人不能这样对待生活，要奋勇向前，才是正道。”

“呃……”小花有点震惊，怯怯地回复道，“可我上班很辛苦了，下班之后放松一下也是应该的。”

“不行，不能有这种想法！下班之后的时光才是决定你人生等级的重要时光。这样吧，我先推荐几本成功学的书你好好读一下。今晚就读！明天我们着重交流读后感。”之后对方就发过来一堆可以在电脑上直接打开阅读的PDF和EPUB文件。小花乖乖地依次接收这些文件，内心惊惶不已。

第二天，对方还真来监督小花的阅读计划了，得知小花只读完了半本，对方痛心疾首。但他迅速地调整了对小花的定位：“这样也好，你不喜欢看书，那么婚后就把家务全都接起来也不错。我安心忙事业，你好好做主妇，我们争取三年之内把二胎生完，之后就可以制定长期的财政目标，决不能落后于其他家庭。”

“啊？”小花眼珠子都要掉下来了。毕竟两人还没有见过面，只是经人介绍在微信上聊了一下，这就谈到生孩子的问题了？

“太快了吧……”小花弱弱地回复，因为怕激怒了这位“鸡血男”，所以还附上了萌萌的表情。

对方一如既往地严肃：“这不算快！人生如置身急流，不进则退！现在我组建家庭的步伐已经晚了，所以步步都要有规划，步步都要赶在前面！只有这样才能不被淘汰。”

看小花没有回复，对方又发出邀请，“周末找个时间我们见一面吧，谈一下买房子的问题，早点把事情定下来。人生要奋进！希望你配合我！”

小花认真地思考了一下，感觉对方想要的可能是一个合作伙伴而不是情感的伴侣，所以小花很配合地……跟他道别了。

第二个相亲对象出现时，小花很小心地试探了一下，得知对方不是那种“极度上进症”患者才松了一口气。然而，这口松下来的气很快就提了上去，对方说：“我觉得你头像不合适。”

“啊？哪里不合适？我用的是我自己的照片。”小花发了一个笑眯眯的表情。

“就是用自己的照片才不合适。我问你，你微信里加的好友都是亲密的朋友吗？显然不是吧。那你把自己的照片，而且还是穿得那么少的照片做头像，多少陌生男人都看见了，你觉得合适吗？”

小花急忙去看自己的头像，发现只是一张夏天穿着短袖短裤在朝天宫的红墙碧瓦前拍的照片，并没有“不雅”。

对方又道：“女孩子要自重自爱，这是我对你的第一点要求。你看你挣钱不是很多，家境也一般，如果还不自重，怎么配得上我？”

小花下巴都要掉下来了。小花月薪已经达到了8000元，据了解对方也不过就是8500元的收入，凭什么觉得小花条件不好？凭什么觉得小花配不上他？

对方还在滔滔不绝地讲着，打字不过瘾后来干脆就发语音消息了，每条都50多秒，轰炸得小花头晕脑涨。小花总听人说“直男癌”，还觉得这样的奇葩只会出现在段子里，不承想生活中这样的案例就活生生让自己碰上了。

小花果断结束了聊天，然后告诉介绍人不合适。这事还有一个让小花感觉既气恼又可笑的后续。由于介绍人是家乡的大姨，该直男在遭到小花拒绝之后向大姨告状，说小花很没有礼貌，不听人把话说完，还说小花不自重自爱，在大城市物欲横流的环境里学坏了。大姨把这话传给了小花她妈，害得小花被批评教育了整整两天。

第三个相亲对象出现的时候，小花已经有些心有余悸了，但好在这次交流很快就结束了。因为对方的第一句话就是：“有南京户口吗？”

“还没有。但我买了房，随时可以落户口。南京户口不难啊。”小花说。

“你有房？那结婚之后愿意加我的名字吗？”

“呵呵，这个得取决于你的房子愿不愿意加我的名字了。”小花说。

然后对方就把小花拉黑了。

小花气得七窍生烟，恨不得砸掉手机。但是愤怒过后，小花也想通了：还好如今有微信这种交流神器，可以通过手机把这些奇葩统统筛选掉，否则真的见面，还不活活被气毙于当场？

小贴士：

相亲之前一定要做好心理准备，对方可能是任何类型的人。建议在正式见面前通过微信聊聊天，翻看一下对方的朋友圈，大致了解对方是什么样的人，再发展到与否见面环节。如果遇到奇葩也不要太过生气，“林子大了什么鸟都有”，世界这么大怪人总会存在，只要想想自己目光雪亮，不用与这样的人共度一生，就会拨开云雾见青天。

二、相见不如不见

虽然很多相亲对象在见面前就已经“倒”下了，但小花毕竟也筛选出几个值得见面的男性，于是择风和日丽的天气，小花与第一个相亲对象见面了。

相亲对象叫小枫，看朋友圈清清爽爽，照片形象也斯斯文文，是小花喜欢的类型。小花住在主城区，小枫住在江宁区，约见面的时候小花提出最好来主城——地段繁华，可玩的地方也多。当时小枫就表现出了不愿意的意思，但也没有说明。

后来小花才明白为什么人家不愿意，只是已经晚了。

年轻男女相亲见面无非就是吃饭，小枫的意思是吃饭太无聊了，不如到大街上走走。不承想小枫从江宁一路公交车坐过来，堵车无比，所以见面的时候已经是下午5点半，不吃饭是不行的。小花考虑到第一次吃饭最好别去太贵的地方，于是提议："就在老门东里随便吃点儿吧。"

"老门东？"小枫睁大了眼睛。

"是啊，老门东。你是南京人不会不知道老门东吧？那里吃的多，离这儿又不远，挺合适的。"小花急忙解释。

小枫低头嘟囔了半天，小花隐约听到"景区啊，什么都贵，怎么找那种地方"之类的话。但小枫最后还是勉强同意了。

老门东是秦淮区近年来开发出的一片优质仿古街区，相当于是浓缩版的夫子庙，但由于外地游客少而显得更加风味十足。门东街区的老建筑里开设了许多饭店，有民国风情的、价位较高的红公馆，有南京老菜主打的、环境优美的问柳居，还有能够边吃饭边看戏、绝对不会无聊的金陵戏坊。在小花心目中，老门东是一个约会的胜地，上述哪家馆子她都愿意进去听听吃吃谈谈。

但是小枫显然不这样想，一进老门东他就准备往巷子里钻，那些凸凹的石板硌得小花脚生疼。小花说："你找什么？想找哪家店？”

“不知道。”

“那为什么不在主路上吃？偏偏往巷子里走？”

“你傻啊？这是旅游景区，主路上贵死了！”小枫头也不回，一直往里钻。

终于穿过了七八条巷子，小枫在一栋雕花窗的老建筑前面停下来了。小花这才喘口气，抬头一看：“哟，不错嘛，是蒋有记，金陵一绝的老字号！虽然店面不起眼，但是味道绝对好。”

小枫白了小花一眼，生生绕开了蒋有记，拐到了巷子后面的凉皮店。

小花的心凉了半截，毕竟他们这一路越过了红公馆，躲过了问柳居，遥望着金陵戏坊，还错过了蒋有记，最后来到了一家只有半个铺面的、嘈杂的凉皮店。但小花依旧愿意保持着一点点期待感：也许这家凉皮更好吃？

坐下之后，小花看了看菜单，一碗凉皮肯定不够吃，总得凉皮再加点肉菜或者甜点吧？谁知小花还没有开口，小枫就说：“我不吃肉哈，我就要凉皮，素的就行，也不要饮料。”

一句话噎得小花喘不过来气。小花强笑着说：“那个……我，我有点饿了，我要个鸡丝凉面，加一份盐水鸭，再要两个梅花糕。”

“你怎么点这么多！”小枫不客气地说，“你一个女孩能吃得了吗？”

“能。”小花咬着嘴唇说。

小枫就不说话了。不一会儿食物端了上来，与小花的预期不符合，真的不怎么好吃。小枫几口就扒完了自己的凉皮，然后开始指责小花："吃那么多。吃了面为什么还要吃糕？你不知道街边卖的梅花糕价格是这里的一半吗？为什么不在来的路上吃，非要在这儿吃！还有盐水鸭，随便在卤味店切点都比这个强，又便宜。"

到了这个时候，小花已经看懂了：小枫就是怕花钱。即使是十几元的凉面，人家也不愿意花在她林小花的身上。小花已经想好了，绝对不能让小枫埋单，否则他会骂她一辈子，吃完这顿饭也不用逛街了，就此拜拜吧。

没想到，小花还没开口说由她请客，小枫已经说话了："你看这顿饭，你吃的比我多多了，我付钱合适吗？"

"确实不合适，我请客吧。我早就准备请客了。"小花强行眯着眼睛笑了一下。

小枫的表情立即"多云转晴"，指着小花碗里的另外一个梅花糕说："你也吃不了吧？我替你吃了。"然后塞进嘴里大嚼。

此时小花已经气得快要晕过去了。

却不承想天公不作美，还要把小枫的奇葩程度提高一个等级。结过账之后，突然下起雨来。小花不愿意和小枫继续坐在饭店里，于是直挺挺地往外冲，还是老板好心提醒了一下："旁边小店就有卖伞的，很便宜，10块钱一把。"

小花拐到旁边买了一把伞，小枫两手插口袋也晃过来了，歪着头对小花说："要不是陪你出来，我至于被雨淋吗？也给我买一把吧。"

小花忍着气又掏了10元钱，然后故意笑着说："好啊，记得回头把10元钱微信红包发给我。"

然后，两个人各撑着一把伞，沉默地走过老门东，钻进地铁站。

回到家之后，小花越想越气，翻出手机想要把小枫大骂一顿，这时候才发现：小枫已经把她拉黑了！

恐怕是不想还那10元钱吧？小花关掉了卧室的灯，哭笑不得。

小花把这事儿原原本本地告诉了介绍人琳达，琳达听完合不拢嘴，急忙道歉："对不起对不起，他是我一个老朋友的侄子，听说家里条件很好，我也就没想到他会有这么个毛病。这样吧，我给你介绍一个绝对大方的，说什么也不能让你委屈。"

虽然小花的内心深处已经对琳达介绍的对象心有余悸，但毕竟琳达在之前的理财阶段认真指导过自己，总体还是一个靠谱的人，于是鬼使神差地点了头。

这次介绍的对象叫谭昆，人如其名，身姿如昆仑山一样巍峨，开着一辆宝马来接小花，二话不说就把小花拉到了月牙湖边的夜上海。坐进提前订好的湖景桌，谭昆笑着说："本来想去市区的五星级，但是想到你是个会写书的文艺青年，也许这种临湖的、环境优美的饭店更合胃口。"

简直太暖心了是不是？小花对谭昆的好感度直线上升。由于和小枫见面的后遗症，小花生怕自己点菜点贵了，但谭昆大手一挥，点！于是一道道好菜端上来。

在菜肴的热气里，小花感动得一塌糊涂，难道传说中的钻石王老五让自己遇上了？

谭昆为人很周到，既会带动话题，又会照顾人。菜过五味，酒过三巡，谭昆抹了抹嘴角，突然道：“林小姐，您肯来赏光吃这顿饭，我无比地荣幸啊！相信我们的合作一定会很成功的。”

“合作……合作？”小花吃了一惊。难道现在流行把相亲叫作合作？

“是啊。我看了你的履历，你在那么有名的杂志做编辑，对于我们公司来说是大大的好事。我们目前正在做一些南京市区的旅游项目，主要是民国主题和明朝主题，如果能够在你的杂志上开个专栏宣传一下，肯定会大卖的。”

“但我今天是……”小花有点尴尬。

“你是说相亲，对吧？没错没错，是相亲，但是林小姐，我觉得如果我们先谈合作，再谈感情，生意能够做好，感情也不会差，对不对？”谭昆一脸殷切地看着小花。

而小花一脸尴尬地盯着桌上的好菜，她终于明白了：谭昆为什么那么大方，他花钱不是为了林小花这个人，而是杂志社的影响力。

后来，小花也帮着谭昆和社里沟通过，做成了这次宣传，还开辟了一个软文广告专版，但是和谭昆的私人感情却无论如何也发展不下去。谭昆永远是以对待客户的状态对待小花，如果谈到感情，就会讲“现在还早得很，先立业，再成家”，或者就是“林小姐，这篇宣传是我们公司的主打，麻烦你给我们看一下。哦对了，你会写软文吗？”

后来，小花和谭昆发展成了不错的朋友，但也就止于此。

再后来，小花又陆续与几个相亲对象见面。有一见面就挑小花不如微信头像漂亮的，有第一句就说“结婚以后我妈得和咱们住一起”的，还有三句寒暄之后就问小花“你是处女吗？准备将来生几个孩子”的。

在相亲的路上，小花越走越远，见识也越来越多，最后甚至可以见奇葩而泰然自若。

但是，小花很悲伤。

小贴士：

相亲就是经人介绍、男女双方得以见面、经交流而有初步的了解，以决定是否以结婚为目的而继续交往下去。从这一角度来说，相亲是一种交友，没有什么不好。但是，当今社会的相亲往往会异化，从而使之成为非常考验人性的交往模式。总体上来说，如果相亲遇到了奇葩对象，不要气，不要恼，更不要当场撕破脸，微笑着说“拜拜”就好了，事后记得把情况向介绍人反映清楚以免产生误会。要相信，尽管这个世界上有很多怪人，但并不妨碍生活的美好，不妨碍对爱情的追求与向往。

他很好，但他不是你的主旋律

一、相亲相来的优质男

周日，小花加班，在黄昏时分头晕目眩地走出大楼。楼下，一个微胖的男人倚在一辆红色的卡罗拉旁边朝小花招手。与小花同步走出大楼的同事们都投来“嗯，我懂的”表情，然后一边装作不在意，一边狠狠朝那男人多瞅几眼，分头走开。

小花站在楼下，矜持地笑着。

这个男人叫何帆，是小花在多次相亲之后筛选出来的经典款。江苏苏北人，普通一本大学毕业，目前在档案局下属的某事业单位工作，性质稳定，温饱富足，相貌平平，但是和小花搭配起来也不突兀，脾气很温和，做人也体贴。

“感觉就是那种随时可以和他结婚的男人啊。”小花在和好友苗苗通话的时候，这样形容何帆。

两个人见了四五面就确定了关系。是何帆先提出来的，说法很冠冕堂皇，滴水不漏：“小花，我对你很有好感，你是我理想中的妻子的形象。我没有什么甜言蜜语好说。我相信像你这样务实踏实的女孩也不想听那些花言巧语。我只想说，咱们俩年纪也都到了，应该成家立业了，恰好遇到了合适的人，为什么不试着交往看看呢？我已经伸出橄榄枝了，就等着你的垂青了。”

小花不知道怎么形容自己当时的感受。

高兴？也就一般高兴。

心动？几乎是没有。

期待？也许有那么一点点。

害羞？人家几乎都没说什么，有什么可害羞的？

小花不由得想起了前男友安玉峰初次表白时的情景。那时候小花的小心脏跳得扑通扑通的，全身的血都涌到脑子上来了。当对方表白之后，小花的第一感受就是恨不得扎进人家怀里，再也不出来。

而现在，小花只是象征性地低下了头，表示那么一点点害羞，然后抿了一口杯里带着汽水的酒精饮料，说：“好啊。”

就这么开始了。虽然有点不甘心，但小花安慰自己：真正的爱情就是平平淡淡的，那些轰轰烈烈、你死我活的都出现在琼瑶剧中。

何帆做男友很尽职，每到周末都会约小花出去，遇到节庆会给小花买礼物，谈恋爱没多久就是七夕节，也“不点自通”地送了玫瑰花，还是洋气的香槟色，订了湖景餐厅，点了情侣套餐，饭后礼貌地送小花回家，并没有提出“给你妈打电话，说你今晚不回家了，我们干脆就把事办了吧”的无礼要求。

真的，一切都刚好，但是小花觉得……就是“不来电”。

这种“不来电”的感觉是最尴尬的，你跟别人讲，别人会说你矫情，说你“作”，会劝你“好话满嘴的男人不可靠，还是踏踏实实的最好”，远不如“我男友是花心大萝卜”博得的同情多。

小花试着把这种感受和父母讲，父母第一时间就批评了小花：“何帆是多好的小伙子！比你以前那个什么峰的男友好多了！这样的好小伙可不多了，错过了一下子就让别人抢走了！你再过几年就老了，再好也没人要了，都这年纪了别跟我们扯什么‘来电不来电’，你又不是灯管，要什么电啊？好好把握！早点把事情定下来！”

小花又试着跟苗苗沟通，没想到一向体谅自己的苗苗也不支持小花：“好男人不多了，你要是把何帆错过了，真不知道什么时候才能遇到下一个。小花啊，你吃恋爱的亏没吃够吗？平平淡淡才是真，真的！”

所有人都劝小花好好把握何帆，时间长了，小花也对何帆生出了几分感情。真的啊，硬件条件不错，做人也地道踏实，这样的男人，上哪儿去找呢？

于是，在这个加班的下午，小花对何帆露出了由衷的笑容。

小贴士：

随着年纪的增长以及恋爱次数的增多，很多年轻人感觉自己对另一半“不来电”，找不到初恋或者学生时代恋爱的感觉。这是一种正常现象，没必要大惊小怪觉得自己失去了“爱的能力”。但是，恋爱毕竟是恋爱，如果丝毫没有喜欢的感觉也不应该勉强，毕竟一生很长，和不爱的人生活，是一场不可想象的灾难。

二、骑自行车也可以，但你必须是我的王子

转眼夏去秋至，小花和何帆的感情不可谓不稳定，双方都有一种“大事定矣”的感觉。中秋节的时候，何帆邀请小花回家去看看父母，小花想着苏北也不远，就跟着去了。

一切都和想象得差不多，何帆的父母虽然是小城市里的人，但素质也高。进家门之后小花受到了热情的招待，水果茶水供应不断，之后七大姑八大姨都找各种借口来何帆父母家里玩，目的只有一个：看看林小花。

小花自信自己亲和力尚佳，不怕“检阅”，果然长辈们都很满意。不过，小花去上洗手间的时候，听到两个不知道是姨还是姑的亲戚在厨房半掩着门嘀咕：

“这个不错哈！名字很土气，我一开始以为是农村姑娘，但是一看其实很洋气的，看着也福相，正经工作正经学历，跟何帆挺合适的。”

“我也觉得不错。比以前那个叫晓俏的好太多了，那个哪儿是过日子的人啊！”

“可不是嘛！当年那个晓俏，亏得何帆那么喜欢她，为了她要死要活，差点和他爹断绝父子关系。现在看来何帆这孩子是长大了，知道轻重了，会挑媳妇了。”

林小花默默地从洗手间里退出来，然后心里莫名觉得堵得慌。其实她不是不知道何帆前女友的存在，大家都这个年纪了，谁也不

可能是一张白纸，有前任很正常。让小花觉得难受的是那句“要死要活”。小花一直以为何帆就是个性格不温不火的人，和他在一起没有激情是性格使然，所以也没有什么苛求的。现在小花才知道，何帆曾为另外一个女人“燃烧”过，也曾为爱激情过。

现在的平淡并不是因为他的性格，而是因为对她林小花没有那么喜欢。

再之后，小花的笑容就没有那么自然了，总有一种完成任务的感觉。她看着何帆给自己削苹果，给自己讲没有意思的笑话，突然觉得没趣起来。

这不是恋爱，只是凑合。

在这种凑合的基础上可以结婚，可是婚后的时光那么长，他们能够顺利地凑合一辈子吗？这样的凑合经得起未来人生的风吹雨打吗？

回到南京之后，何帆对小花的态度变了，显然是一种“我们理应是夫妻”的态度了。每次约会，何帆的聊天主题也变成“婚房可以开始装修了，什么风格比较好”“咱俩家乡不在一个地方，婚礼是分两个地方办还是凑一起办”“婚后还是要两个孩子吧，虽然你的工作也很忙，但是放开二胎了，我还是觉得多生几个比较好”“我妈想要婚后过来和咱们一起住，毕竟近，如果她不过来住，在老家会听人闲话以为媳妇不孝顺”之类的。约会地点在饭店、公园、咖啡厅和电影院里周旋，聊天主题基本不变。小花漠然地看着何帆的嘴皮一张一合。

就要结婚了？

这就是自己一生要交付的人？

这就是自己想要的爱情？

有一天晚上小花做了一个梦，梦见小时候的自己，穿着最喜欢的一条公主裙，花边刺痒痒的，但是很好看呢！梦里小花梳着羊角辫，抹着红嘴唇，说：“我要穿这条裙子去见王子！”

梦醒之后，小花惆怅了很久很久。

每个小女孩都以为长大以后会嫁给王子，然后在岁月的蹉跎中破灭了这个梦想。不过，即使不能嫁给真正的王子，女人也依旧可以嫁给她心目中的王子。

王子不一定非得骑白马，骑自行车也行。

重要的是：他得是王子。

小花掏出手机，翻出了何帆的微信，点开了头像大图。这张脸，这个人，无论如何也不能让小花找到王子的感觉。诚然，他不坏，他甚至相当好，但这世界上并没有那么一条法则：好男人就肯定能成为好丈夫。

现在就没有什么感情，难道结了婚就会有感情吗？人人都说婚姻重要，要慎重对待，那么选一个不喜欢的人结婚，就是真正的慎重了吗？

小花知道自己有点“作”，这是文科女生常犯的毛病，但毛病也是生命的一部分，随心而动是每个人的自由……小花发现自己在找无数的理由，为的就是做一件事：与何帆分手。

又是一个周末的下午，何帆打电话来，约小花去红星美凯龙看家具，再去宜家购买一些新房的用品。小花此次百感交集，故意开了一句玩笑："怎么都要添家具了？你还没有跟我求过婚欸。"

"哦？那个没有问题，等一切都准备好了，我找个时间补上就行。因为新房装修还需要释放甲醛，它的周期比较长，所以先弄新房吧。"何帆理所应当地回答。在他的心里，总有那么一个稳定的时间轴，事事都排在这个轴里，有条不紊，包括感情。

小花明白，如果他们真的结婚，就是为了凑在一起过日子，不是因为爱情。

但这种"凑在一起过日子"，小花不想要。

小花终于决定："分手吧。"

"什么？你说什么？"何帆的声音从话筒里传出来，听得出相当诧异和震惊。

小花挂断了电话。

小贴士：

长辈的催促、社会的舆论以及身边人的示范，使越来越多的年轻人在没有爱情的前提下，匆忙地走进婚姻的围城。其实，对婚姻最大的尊重，不是急着结婚，而是不轻易结婚。毕竟婚姻那么重要，如果婚前的感情基础不够雄厚，那么未来生活中的每一次打击都足以让婚姻地动山摇。

三、你可以过得很好

后来，小花和何帆正式约见过一次，郑重谈了分手的事，并认真地向何帆道歉。何帆挺失望的——请注意，只是失望，没有痛苦没有不舍。

何帆说："是我哪里做得不好吗？是我太心急了对不对？应该先向你求婚的。"

"不，不是那个，我觉得咱俩没有爱情。"小花说。

"没有爱情可以培养的，而且我认为咱俩有爱情，平平淡淡也是爱情。"何帆贴心地给小花续了一杯水。

小花差点想要开口问问何帆关于那个晓俏姑娘的事，她想问"如果咱俩这样的叫爱情，那么你曾经的义无反顾是什么？"但小花咬着嘴唇没问，她觉得自己没有资格，毕竟她对何帆也没有那么多强烈的感情。

反正就是分手了，各方面的反应都是失望，甚至失望得有些生气。父母对小花劈头盖脸地批评，社里的长辈也说小花有点草率，就连苗苗都打电话来说："小花你是身在福中不知福！这样的优质男别人都找不到！你不想要，回头就有女人把何帆抢走了！"

对于这些言论，小花选择置之不理。

直到有一天晚上，办公室里的人都走光了，小花坐在办公桌前对着蓝幽幽的屏幕发呆。佐伊端了两杯"小蓝杯"咖啡走过来："小丫头，又想心思？不是想复合吧？"

"不是，没想过复合，就是觉得很无奈，没有人理解我。"小花接过咖啡，看了看佐伊，"你怎么回来了？我记得你已经下班了啊。"

"是啊，下班之后无事，想起你这个女勇士，过来陪你。"佐伊的嘴角露出了意味深长的笑容。

小花突然想起：跟在佐伊手下这么长时间，好像从来没有关心过她的私人问题，佐伊比自己年纪大多了，但她好像没有老公，也没有孩子，甚至也没有情人。

佐伊她……

佐伊自己开口了："其实我理解你。我今晚回办公室就是为了告诉你，我支持你的选择，没有爱情的、凑合着应付长辈的婚姻，不是理想的婚姻。"

然后，佐伊掀开了咖啡的盖子，让热气熏着自己的眼睛，然后讲了她的爱情故事。

"曾经我和你一样，刚毕业的时候有家里人催婚，身边的同学也个个进入婚姻围城相夫教子。我急着跟别人介绍的对象处关系，后来挑中了一个，大学的讲师，样样条件都不错，对我也挺好，就打算结婚了。结婚之前，他从来没有对我的肉体表示过任何兴趣，我对他也一样，我们好像不是要结婚，倒像是要开始了某种合作似的。结婚之前，也没有什么激情，就是……说不上来。也挺高兴的，也愿意和对方相处，但要说相爱，那没有。"

小花觉得佐伊说的简直就是她和何帆的故事。

"结婚之后，我们俩就平淡地生活呗——就是父母常说的那种'会好好过日子的小夫妻'。我俩都准时下班，回家之后洗菜做饭，面对面把食物吃下去，然后各自坐在小桌前忙工作，他备课，我写稿，晚上洗洗睡觉，每隔三天做一次爱，不避孕，准备随时要小孩。有时候我想，我俩不像新婚的样子，倒像是已经过了一辈子了。但我又这么安慰自己：你得成熟一点，浪漫的是文学作品，现实的才是我们的生活。”

“然后呢？我觉得你们的状态其实……挺白头到老的啊。”小花试探着说。

“白头到老？你错了！虽然我们的生活很平淡，但每个人都有渴望爱情的心啊。结婚第三年……可能是第四年初吧，我老公出轨了。出轨对象是一个比他还大三岁的女副教授。真的，因为爱情！他是真的爱上她了，我看得出来，因为他从来没有对我那样。出去旅行会想尽办法给她买礼物，雷暴天气也会跑出去给她送水果，再后来发展到一天不见她都不行，像掉了魂似的。我当时都气疯了，我自认为样样都不比那个女教授差啊，于是我把对方约出来了。”

小花紧张得咬住了咖啡杯的边儿。

“那天，女教授坐在我面前的时候我就懵了，犀利劲儿全没有了。她比我大五岁呢，也不比我漂亮，但是她的精气神不一样，那是一种被爱着的感觉——被爱着的女人脸上有一种光。那光芒是我的丈夫给她的，而我作为妻子反而没有。她感到非常抱歉，说她也是离异的女人，以为自己一辈子就毁掉了，没想到后来遇到了我丈夫。我能说什么？我突然发现，我没有什么可以和她竞争的，我丈夫从来没有爱过我。”

“所以呢……”小花试着问。

“离婚了呗。我提出来的。我丈夫在离婚的时候依旧是个好人，净身出户，什么都给我了，然后跟着那个女教授出国了。从那之后我再也没有见过他。我把老房子卖掉了，拿着钱换了一个城市住，喏，就是南京，然后就过日子，就是现在这样了。”佐伊笑了笑。

这个瞬间，小花对佐伊前所未有地亲近。也就是在这个瞬间，小花终于明白为什么佐伊要让咖啡熏着自己的眼睛了，因为她怕眼睛会湿润。

佐伊再不多讲，一口气喝掉了杯里的咖啡，收拾包准备走了。转身之前她对小花说：“你做得对，没有爱情的婚姻不值得，因为迟早会毁掉。甚至可以说，被毁掉都是好事，因为可以重新开始；没被毁掉，就得一辈子在死水里过。”

“佐伊，那你现在……”

“我现在，反而过得很好。”

小贴士：

两个人未必就幸福，一个人未必就孤单。要相信自己一个人也可以过得很好，没有必要为了维持婚姻而违背自己的内心。时代不同了，个人价值的实现有很多种方式，也许放开手，一切都会好起来。

相爱就像煮浓汤

一、年轻人的“恐恋症”

和何帆分手之后，小花发现自己得了一种病：恐恋症。

简单来说就是不想相亲、不想谈恋爱、不想结婚，唯一希望与异性接触是在电视剧里，隔着手机屏幕看那些流量小生嬉笑怒骂、深情款款很是享受，但在现实生活中就是不行。

仔细观察发现，身边这样的女生还真不少，所谓的“老公”只出现在电视屏幕和手机游戏里，现实生活中宁愿保持孑然一身。

同事给小花推荐了一个手机游戏，叫作《恋语制作人》。一个恋爱养成游戏，里面有四种类型的男性与女主交往，微信、来电等都做得很逼真，小花着实沉迷了几天。后来小花和同事讨论这个游戏，同事说：“现实生活中的男生哪有这么好？又事业有成，又浪漫体贴，尤其是用一片真心对你，真是千金难买。所以，与其恋爱，不如打游戏算了。”

这代表了许多年轻人的恋爱观。

不过，就算小花恐恋，爸妈也不会放过她。自从跟何帆分手后，爸妈焦头烂额，一有空就视频电话，话题三句不离“有男友了吗？什么时候结婚啊？你年纪可不小了。如果你总不结婚，我们老两口死的时候都没法闭眼”。

面对家长逼婚，年轻人都有免疫力了，通常采取的办法就是顾左右而言他，比如小花最爱在妈妈逼婚的时候夸：“妈，你新烫头发了？真好看啊！”“妈，你今天这件上衣显年轻哦！”

如果夸奖的力度不够，或者语气不够真挚没能骗过老妈，小花还会适当地制造一点矛盾，比如突然说：“妈，楼上那个张阿姨怎么样了？还有事没事地挑拨你和王姨的关系吗？”这种话题一定会引发老妈的愤怒和一段滔滔不绝的控诉。

所以，小花和爸妈一直相安无事，直到有一天，小花把夸奖和挑拨都用完了，爸妈异口同声地说：“你啊！当初非要跟何帆分手！那小伙子多好！你以后再也遇不到那样的了，人家肯定都结婚了！要不然你再跟他联系一下？看看他有对象了没有，如果没有的话，就复合吧！”

小花的怒气一下子就被点燃了！逼急了的小花一下子就智慧了：“别总想着把我嫁出去，嫁出去就一定幸福吗？蜻蜻就是个例子，还不够惨痛吗？”

爸妈顿时就没话说了。

蜻蜻是小花的“发小儿”，生得美貌，性格温柔，从小爸妈就对小花说：“小花，你看看人家蜻蜻，多有女孩子的样儿，将来肯定嫁个好老公。你再看看你，十足一个假小子！”

大学毕业后，蜻蜻不负众望，早早走上了“嫁好老公”的阳光大道，成为诸多父母口中“别人家的孩子”。但是，这个榜样垮塌得太快，结婚第二年就出了问题。

蜻蜻是奉子成婚，新婚不久孩子就生了下来，之后夫妻感情直线下滑，起初是天天吵架，之后就是无限期的冷战。公婆入住帮忙带孩子，没想到婆媳争斗的时间倒比照看孩子的时间长，邻居都能听到婆婆扯着嗓子喊“你是我儿子养着的寄生虫！”以及蜻蜻声嘶力竭的“这是我的家你给我滚出去！”。蜻蜻老公受不了无休止的争吵，把爸妈送回家。这下子家里是安静了，但照看孩子的任务全都落在了蜻蜻的身上。

蜻蜻自怀孕之后就放弃了工作，成为标准的家庭主妇，家庭地位不断下降，被老公评价为“你就是个带孩子的”。如果孩子感冒发烧，老公会说蜻蜻没用，连个小孩都照顾不好，害得宝贝儿子生病受罪；如果孩子夜里哭闹，老公就会一脚踢在蜻蜻身上，说懒老婆只顾着自己睡，孩子的死活都不管；如果蜻蜻实在辛苦想拜托老公照看孩子，老公会暂时把视线从游戏屏幕上移开，射向蜻蜻：“老子天天上班赚钱养活你，你光在家带孩子多清闲，居然还想到让我替你？”

对此蜻蜻没少回娘家哭诉。起初父母也替女儿愤慨：“你跟他闹啊！你就说孩子又不是你一个人生出来的，凭什么他就不管！”

“可是人家赚钱养家啊，我一分钱也不赚，不养孩子还干什么呢？”蜻蜻哭着说。

家人顿时偃旗息鼓，但给蜻蜻出了个主意，由蜻蜻的父母帮忙照看孩子，这样既能分担蜻蜻的辛苦，又不会出现婆媳矛盾。不承想，老公一瞪眼：“怎么？我不光得养你，还得养你妈！？”

“不是不是，我妈来了又不用咱们花什么钱，还能帮咱们做很多事，我也能轻松一点。”蜻蜻解释道。

“我就不明白了！你不上班，天天在家里闲着，连个孩子都带不好？还得让你妈过来才能完成任务？你看看电视上演的那些辣妈，哪个不是一边赚钱一边带孩子的？我对你已经够宽容了！再说，你妈来了，你爸还没有人照顾呢，是不是过几天再把你爸接过来住着？过几天把你家七大姑八大姨都接过来？”老公的口才很好，婚前蜻蜻以此为豪，婚后却对此苦不堪言。

蜻蜻只好继续独自带娃，头发一把一把地掉，眼袋越来越明显。前几天小花回家探亲，发现蜻蜻俨然就是个黄脸婆，不由得暗自感慨：“以色事他人，能得几时好？早早陷入婚姻，试图以婚姻成就自我，并在婚姻中失去自我的女人，下场就是这么惨。”

小花把蜻蜻的事儿一说，爸妈也讲不出什么，视频聊天不欢而散。但小花心里知道：无论自己多么嘴硬，内心深处还是渴望一场恋爱的。但是，为什么生活中失败的案例那么多呢？

除了蜻蜻，小花身边还有一个例子——楼下美甲店的罗姐。罗姐算是事业上的强人，一年前开了这家美甲店，在整个写字楼推广生意，不光会做宣传，美甲技术也过硬，再加上服务良好、收费适宜，杂志社里一大半姑娘是罗姐的固定客户。

某次小花去做美甲时说起：“我看过一个报道，说80%以上的男人都不喜欢女性指甲上有花纹，所以我还是做纯色的吧。”

罗姐听后长叹一口气："男人的看法重要吗？女人啊，千万别为了男人活。恋爱啊婚姻啊有什么意思呢？时间长了还不就是厌倦？"

罗姐说，她曾经也对婚姻有很美好的向往，直到2016年9月15日。"台风莫兰蒂登陆南京，那时候你还没来南京，那天的风雨好大啊！我儿子两岁，发了高烧，我愁得不得了，给老公打了无数个电话，想让他快点回来开车送孩子去医院，但是电话迟迟没人接。我知道老公在干什么，要么和朋友们推杯换盏，要么就是在打掼蛋（南京流行的一种扑克游戏）。而且就算他真的接听了电话，也一定会说，'去什么医院？你也不看看这是什么天气！要去你带着孩子自己去！'"

小花静静地看着罗姐，心里发酸。

"我当时好想哭啊，觉得自己的婚姻真是失败。以前他不是这样的，恋爱的时候嘘寒问暖，关爱备至，结婚前后也对我百般呵护，但是很快他就厌倦了，嫌弃我这个不好那个不好。激情不再，所以那些温情的伪装也就不再了。"罗姐长叹了一口气，"但我不能哭，哭也没有用，儿子的病情还等着我来定夺呢！我又给儿子量一次体温，发现情况实在不容乐观，于是下定决心，抱着儿子，打着伞冲进风雨里，打车，去医院。"

"那种天气打得到车吗？"小花问。

"当然很难。几乎没有什么车，我是好不容易拦了一个司机，好话说尽，还多给了人家200元，人家才肯送我的。到医院之后，我全身已经湿透了，儿子也直哆嗦，他的小手还死死地拽着我的衣襟，说‘妈妈我难受！’……”罗姐说到这里，眼圈已经红了。

“我以为下暴雨，医院肯定人少，但是我太天真了，就算是暴雨天，儿科也人满为患。我抱着小孩去挂号、找病室、化验，几圈下来，整个人就像从水里捞出来似的，原本被雨淋湿的衣服又被汗浸了一遍。当时，医院里那种惨白的灯光兜头而下，我甚至有点茫然——我在这儿干什么？我结婚是为了什么？”

小花不由自主地捏紧了衣角。

“后来诊断下来，我儿子得肺炎要住院。既然住院，那我一个人肯定照顾不了，我还是得给老公打电话。你知道我老公说什么吗？他一句都不问儿子的病情，也不关心我一个弱女子是怎么在这种天气带孩子出来看病的。他就是大吼：‘老子就爱掼个蛋！你就不能让我安心玩一玩？！你个死女人是怎么带孩子的？好好的孩子都被你带出肺炎了！’然后就把电话挂了，连儿子在哪家医院都没问一句。”

罗姐讲完了，平静地看着小花露出了无奈的笑容。倒是小花无法平静了，她说：“那你还不跟他离婚？”

“我想离婚啊，可是哪有那么容易？我有儿子啊。从那之后我们俩就各过各的，只是表面上给儿子维持着这个家。也就是从那时候开始，我学习美甲，然后筹备着开这家店。这时候我就想，早知道结婚是这样的，那我还不如不结婚，没有儿子，一身轻。”

罗姐再次低下头，给小花涂甲油胶。

那天的美甲做了很久，小花伸出手，感觉双手的颜色都是丧丧的。罗姐的故事以及蜻晴的悲剧，都让小花对恋爱失望：“哪有那么容易啊，爱情都是故事里才有的，现实生活中都是互掐。”

当天，小花在自己负责的专版上写了这么一段话：

福州的空中森林笼罩在夕阳的余晖中，在绿树的边缘你仿佛能够望见世界的尽头。双脚虚飘飘地在枝叶间穿过，你会发现，一生一个人，就这样走下去，很好。你不需要别人陪伴，因为爱情会有背叛，激情会被冲淡，但森林和绿意不负你，永远永远。

这一个专版交到了佐伊手上，然后佐伊大发雷霆：“林小花！你都在写些什么？”

然后，佐伊在文稿上批了一个大字：丧！

小贴士：

别让别人的恋爱影响自己。年轻人初入社会，极易受到身边人的影响，遇到相爱的情侣就相信爱情，遇到分手的情侣就有心出家。实际上，生活正因为有各种变数与沧桑，才会有精彩与劫后余生的喜悦。即使看到许多苦难，也要坚定自己的理想与信念，所谓“生活”就是“充满生气”地活着。

二、爱是“将心比心”

佐伊决定请个“老师”，给小花上一课。

月底交稿后，佐伊真诚邀请凌江清来社里坐坐，顺便给恋爱观正在逐渐扭曲的小花讲讲道理，凌江清很抱歉地说：“对不起啊，明天我就要和我先生去英国湖区度假，他特别喜欢华兹华斯，而我喜欢柯勒律治。”

佐伊的心里咕噜咕噜地冒起了酸泡，说：“清清啊，你真是人生大赢家，银子赚得多，身材保持得好，先生又十年如一日地爱你如初，你到底是怎么做到的啊？”

凌江清一笑：“好简单啊！我爱他，他就爱我呗。”

“瞎说，要像你讲得那么简单，家家都不用闹离婚了。”佐伊苦笑道。

“不，是真的，相爱很简单啊。你别光看我，就你们社里的琳娜，还有刚结婚的薇薇安，不都是成功的例子吗？”

凌江清的话提醒了佐伊，她突然意识到：也许以身边的人做例子，会比凌江清跑过来讲一堂课要好得多。下班后，佐伊把小花留下来单独谈话，让她好好了解一下成功恋爱的典型，小花嘴角一歪：“有那么容易？”

“小花，可能没有那么容易，但也没有那么不容易。”佐伊说。

第二天，小花就在茶水间里堵住了正在泡茶放松的琳娜。琳娜是一位让小花又爱又恨的上司——虽然营销部并不直管小花，但是琳娜经常和佐伊形成竞争。平时琳娜看到小花，就是淡淡一笑，但是听到小花问及“怎么才能做一个恋爱成功的女人”时，琳娜突然笑靥如花。

她说：“啊？御夫之道啊！”

琳娜的先生事业有成，有房有车，相貌英俊，专一钟情。社里很多人都在议论："琳娜姿色也就平平，气质还行，但绝不出众。听说琳娜家务做得很一般，也不是吹拉弹唱样样精通的才女，怎么就碰上那么好的老公了呢？"

这一次琳娜向小花揭开了谜底——好老公是自己培养出来的。

琳娜说，"我们家大伟以前就是个幼稚男孩，那时候正在上大学，他并不比别人更好，但也绝不更差。大学生单纯，只要相爱就什么都不在乎，等到毕业的时候才发现，没车没房也没有钱，日子怎么过呢？"

在这种时候，很多女生会选择和男友分手，寻找一个更"优质"的男友，但琳娜没有，她陪着男友去上海闯荡，住过地下室，住过漏雨的"老公房"。在大伟创业低谷的时候，琳娜兼两份职来支撑起二人的生活，活得十分辛苦。当时琳娜的父母大怒，跑到上海来找大伟，逼迫他与女儿分手，还多次做琳娜的思想工作，希望她能够早点放弃这个"百分百是废掉了的男人"。

琳娜努力地坚持下来，一步也没有退让。而大伟也在琳娜的支持下逐步走向了人生的正轨，水果连锁的生意越做越大。大伟没有忘记自己的责任，深知在上海定居不易，在有所积累之后转战到了南京，置办了不动产，买了1克拉的钻戒，向琳娜求了婚。

琳娜说："其实相爱很难吗？说难也难，说容易也容易，就是以心换心。绝大多数的男人都不傻，你对他好，他是知道的。他看到你的真心，自然也会用真心待你，一年一年的，真心相爱的积累只会越来越多，又怎么会不幸福？"

但是小花想到了美甲店罗姐的例子，反驳道：“不是所有的男人都有良心的啊！你们家大伟就是心眼好。”

琳娜笑了：“当然，这世界上也有很多坏男人，所以相爱最有难度的就是——如何在恋爱开始之初就找到一个品质纯良的好男人。如果你挑人的时候不擦亮眼睛，看的只是硬件的钱与势，而不是本质的善良与正直，那么后来他再荣华再富贵，也与你无关。”

一席话说得小花心服口服。

琳娜端着已经快要放冷的咖啡回了办公室，小花却急不可耐地想找下一个“咨询目标”。彼时薇薇安正抱着一堆发票准备找主编签字，被小花拦在了路上。

“别闹了，我还忙着呢。”薇薇安急忙四顾，“让琳达看到咱俩在这儿聊天，那还了得？”

“你还怕琳达？她宠你还来不及呢，不会批评你的。”小花说。

“今时不同往日，我要去度蜜月，半个月不在社里，这时候不好好表现一下，怎么能过得了琳达那一关？”薇薇安吐了吐舌头。

“度蜜月？去哪里？”小花的八卦之心又起。

“准备去南非看动物大迁徙。”

“不会吧？你不是有密集恐惧症吗？有一次在《动物世界》里看到大迁徙，你都麻得全身起鸡皮疙瘩啊。”

“没错，但是我家那位想去。为了他，我看了很多关于动物的纪录片，现在对动物大迁徙也有兴趣了，再想象那个画面也不觉得难受了。”薇薇安的脸上洋溢着幸福的笑容。

就算小花再笨再丧，这时候也已经懂了。

这就是相爱的秘密，我爱你，你爱我，简单得就像“1+1=2”似的。

小贴士：

爱是互动，也是交流。所以，相爱，到底是容易还是不容易？

相爱就像熬一锅浓汤，如果用了臭的材料，那么只会越煮越臭，最后只能倒掉。但如果选对了材料，用真心和耐心去熬煮，定会历久弥香。

终于找到你，我不会放弃

一、爱情就是不强求

回头想想，不知从何时起，“求偶”成为“小花们”的一个难题。

高中时期，老师和家长疯狂地围堵，担心“小花们”早恋，而“小花们”却可以很轻易地在自己班里或者其他班里发现一两枚“花”和“草”，然后陷入无尽的相思和眉来眼去。

大学时期，“小花们”即使在操场上随便走走，也可能会有穿着篮球衫的男孩抹一把汗水羞涩地来要电话号码，或者装作要打开水而借校园卡，目的是记住上面女孩的名字和班级。

在那些阶段，“小花们”都没有意识到“对象”会成为稀缺资源。在她们心目中，最大的问题是选择对象，而不是寻找对象。然而当“小花们”走上工作岗位后，几乎在一夜之间，所有可能成为对象的人都娶妻的娶妻，生子的生子，桃花运一去不复返。

林小花深有体会。她在一些文章中看到，社会上男女比例依旧失衡，单身男性远远多于女性。但是小花的切身感受却与文章的数据相反——身边未婚的优秀女性很多，而“歪瓜裂枣”的男孩都能找到女朋友。

到底是哪里出了问题？

就以乔安娜为例。在小花心目中，极少有像乔安娜那么优秀的女生了，气质优雅，相貌出众，业务熟练，学历很高，尤其是那份通情达理和落落大方的修养和气质，更让小花可望不可即。总之小花觉得，如果自己是个男人，肯定会爱上乔安娜。

前段时间乔安娜恋爱了，男友却是个极其平凡的人。相貌普通，家世一般，二本学历出身，在普通的国企工作，没房没车，虽然有一脸真诚的笑容，但在小花看来绝对配不上乔安娜。看到乔安娜每天都露出幸福的笑容，小花也不好多说什么，倒是平时总和苗苗打电话抱怨几句：“真是现实版的鲜花插在了牛粪上。”

苗苗说：“小花！你醒醒吧！你这朵鲜花，现在连牛粪都没有找到啊！就算你是再美的鲜花，长期遇不到牛粪也可能会枯萎的！更何况，鲜花是有保质期的，人家牛粪可是长长久久地做牛粪啊！”

一席话说得小花惊恐起来。回想起自己之前的相亲经历，以及自己“作”走的准未婚夫，小花突然意识到，自己对恋爱圈的弱肉强食知之太少。虽然很想要真爱，但是套用《甄嬛传》里华妃娘娘的理论，天意固然重要，人为也不能少。小花决定，还是要主动出击。

其时网络上正流行一首日本MV，翻译成中文叫作《千层套路》，其中讲述的就是女孩如何用一些社交的小技巧来“套”住男生的心，如要想显瘦，尽量要露出手腕与脚腕，会增加对男生的吸引力；吃饭时一定要瞪大眼睛装出无辜蠢萌的样子，更容易博得异性好感；借着传照片的由头，可以不露声色地要到心仪的男生的微信号码……凡此种种，小花全都认真地学一下。

然后，小花在杂志社与当地一家国企举办的联谊活动中全面应用了一下。应用之后的感受是：好累。

虽然在联谊活动之后立即有三个男生向小花索要微信号码，并明确表示出愿意与小花进一步交往，但小花却完全没有与他们继续聊下去的欲望。不是说三个男生不好（长得都还不错，人也算是优秀），但是……小花想：他们喜欢的是我吗？他们喜欢的恐怕是在联谊活动上看似非常柔弱、非常纯情、会睁大眼睛说“哇！你真的好厉害！我从来没有见过！”的那个林小花吧。

而那个林小花，是假的，是在短期的联谊活动中伪装出来的。如果让小花长长久久地装下去，她真的做不来。

联谊活动结束一周后，迎来了江南的暴雨天。透过高楼的窗子，可以看到远处淡蓝色的闪电不断地撕裂着天空，整个世界仿佛只余下了小花和暴雨。小花把灯都关掉，趴在窗子上看雨，觉得在偌大的金陵城里，自己真的好孤独。

很想有个牵挂的人，可以在这样的夜晚打电话给他，问他好不好，告诉他自己很怕打雷，也许还会聊一聊很幻想的话题，如“如果就这样世界末日来临了，你会不会来找我”之类的。

但是没有，这个人始终没有出现。

小花掏出手机，拼命地翻微信好友，想找一个合适聊天的人，鬼使神差地就翻到了乔安娜的微信，然后下意识点击了语音邀请。

接通的那个瞬间，小花想抽自己几个耳光，为什么要打给乔安娜啊？这种时候人家肯定是和男友在一起啊，打过去多讨厌？而且就算人家不讨厌，但是自己单身去见证甜蜜，不是找“虐”吗？

“喂？Flower？林小花？你怎么不讲话？喂喂？是信号不好吗？”乔安娜爽朗的声音从电话里传来。

“在的在的，是信号不太好，哈哈。”小花尴尬地说，“对不住其实我是摁错了，不想打扰你和你男朋友在一起。”

“男朋友？你说老张啊，他不在家，他出差呢！我自己一个人趴窗前看雨呢，没关系，你有啥事说吧。”乔安娜说。

小花莫名地觉得窃喜：“哎呀！你也一个人？太好了太好了！咱俩聊聊吧，我其实就是想找人聊聊。你家老张为什么不在？这样的天气不是应该陪你？”

“他啊！他那个工作，一年有半年的时间在出差，哪有时间陪我？”乔安娜大大方方地说。

小花心里更替乔安娜感到不值了，老张本就不够优秀，现在又不能抽出时间来陪乔安娜，乔安娜到底看上他什么？若是在平时，小花一定会把这句话谨慎地咽在肚子里。但也许是风雨交加的夜晚更易拉近心与心的距离吧，小花一不小心就说出口了。

完蛋了，乔安娜这么要强的人，肯定要骂我了。

不过，乔安娜一点要骂的意思都没有，甚至都不生气，她说：“林小花，我跟你说，在遇到老张之前，打死我也想不到会喜欢他这样的人。我原本的择偶目标是黑黑壮壮肌肉型的，一定是高智商高学历，大男子气概，最好从事一些特殊的高尖端行业，可以满足我所有的幻想。可是你也知道，哈哈，老张不仅不黑不壮，还胖胖的，学历不高也没有多MAN，从事的工作更不够尖端。”

“那你……”

“你是想问为什么我还选老张，是不是？”乔安娜沉默了一下，“那是因为，当我遇到老张之后，我的择偶标准就全都改变了。我突然发现我根本不想要黑壮肌肉男，我就想要一个踏实的小胖子。我想要的一切，都恰好是老张的样子。”

“乔安娜，你是……你是想告诉我恋爱中的女人会变傻吗？”小花不懂。

“林小花，你还没恋爱就已经变得挺傻了！我想告诉你的是，恋爱就是，当你遇见那个人，就觉得一切都特别合适，没有任何强求，缘分已到，顺水自流。”

那天晚上，小花挂断电话后想了很久很久。

小贴士：

许多年轻人遇到了“择偶难”，而且越“择”越难。这是因为爱情本身不是一个经过挑选就能成功的量化性工作，而是一种“遇到了就合适了”的奇妙情感体验。常有年轻人抱怨“为什么高中不能恋爱的时候往往出现许多心仪的人，工作之后反而一个也遇不到？”细想想，这可能是因为高中时期，没有太多硬性化条件对内心进行限制，喜欢就是喜欢，不喜欢就是不喜欢。而年长之后，会加入“工作条件好不好”“未来发展空间大不大”“能不能买得起房”等各类干扰因素，反而却找不到内心想要的。说到底，爱与缘相通，强求不来。

二、缘分总是猝不及防

自那个暴风雨的夜晚之后，小花学到了一个道理：我自精彩，老天自有安排。既然我强求了这么久也没能找到心爱的人，那不如就放平心态先忙自己的吧。

现在杂志市场不好做，佐伊交给小花一个新的项目——附在杂志后的赠刊。别看是赠刊，在营销过程中对读者相当有吸引力，广告收入也很高，所以不可马虎。小花立志要把这本赠刊做好，于是每到周末都会跑到图书馆去。

南京市主要有两个大型图书馆，一个是金陵图书馆，一个是市立图书馆。小花更喜欢去远在河西的金陵图书馆，那个建筑像一个巨大的红色毛荔枝，虽然规模不大，但是走进去立即就有恬静之感。

周日的下午，雨后秋寒，小花缩在黄棕色的大毛衣外套里，怀里抱着五本要归还的书，瑟瑟地往图书馆走。馆内设置了自动还书仪，只要把要归还的书放在扫码机里就行了，非常方便，但那一天也合该有事，小花还到第四本书的时候，佐伊的电话打进来。

要知道，如果不能及时接通佐伊的电话，周一可能会被骂死！小花急忙把书放下，匆匆忙忙地跑出图书馆来接电话。

十几分钟的电话打完，小花被冻了个透心凉，跑回还书仪前又发现了更让她透心凉的事实：第五本书——也就是未来得及扫瞄归还的书，已经被人收走了。

图书馆里还书量很大，随时会有工作人员推着小车子收走读者已经归还的书。因为小花把书随手丢在机器旁边，肯定是被收走了。小花急坏了，要知道这里的书浩如烟海，一旦被推走归类，再上哪儿找去？

更关键的，那还是20世纪80年代的旧书，小花赔都赔不上。这下子小花急坏了，开始全馆乱跑，只要看到推着书车的工作人员就扑上去一阵乱翻，连翻了五辆车都没有找到。

立在公众阅读区里，小花恨不得把自己的脑袋敲破。

“同学，你丢了什么东西吗？”一个男声在背后响起。

小花一回头，一个高大的男孩站在她身后，手里也推着一辆书车。

“哎呀！我看看！”小花又扑到书车上。

那男孩笑了：“你刚翻过我的书车了，难道忘了？你到底丢了什么，我帮你找。”

“一本书！”小花急忙说。

“还没听说在图书馆丢书的呢。”

小花就把自己的情况讲了一下。男孩听完之后也皱紧了眉头：“你这种情况确实难找。按理说被归还的书都会在第二天早晨放回原来的书架，但如果在此期间你的书又被别人借走了的话，就很难再找回来了。”

“那可怎么办啊！我那可是本……天啊，是本旧书啊！”小花咧着嘴。

男孩想了想：“这样吧，你把借书卡给我，我去查一下借书信息，锁定那个区。一旦书被第一次分类交到那个书区之后，我就去帮你找。争取在别人没有借走它之前就找到还给你。”

“真的可以吗？”小花睁大了眼睛，眨也不眨地盯着男孩。

这时候小花发现，说是“男孩”，好像也没有那么稚嫩，至少此时的他看起来比小花更加成熟和冷静。在这个冰冷的、忙乱的、状况百出的上午，小花觉得有了希望和依靠。

“中午时间，我们会对上午的图书进行分类，所以你先等一下吧。”男孩看了看小花，“你是不是发烧？还是冷？我看你脸发白，全身都在抖。”

“我是太冷了，没想到今天这么冷。”小花不由得又打了个寒战，“而且你们图书馆也真是的，不提供热水，这个天气也只供冷水。”

“这也是为了安全考虑嘛。不过没关系，我带你去个好地方。”男孩把书车停到指定的位置，就带小花上了五楼。

这是小花第一次来到金陵图书馆的五楼，穿过长廊，眼前豁然开朗，一片平台映入眼帘。在平台旁边居然隐藏了一个小小的咖啡厅，落地大窗，前台有热热的茶水供应。

“老姐，给她一杯热水，她冻坏了。”男孩说。

柜台后面是一位阿姨，笑眯眯地看了看男孩，又看了看小花，递来了一杯热水。小花捧到热水杯的那一时刻，幸福得快要融化了。

没有波折哪能感觉到松懈时的美好？没有寒冷的秋意又怎么会知道一杯热水的力量？

这个中午，小花在这里等着，直到男孩打电话告诉她，书找到了。

小花没有表现太多的惊喜，不知道为什么，在男孩告诉她在咖啡厅等的时候，她就有一种预感：书一定能找到。

一种由衷的笃定。

也就是从那天开始，小花觉得自己出毛病了。整整一周，眼前都在晃那个男孩的脸，明明是正在画表，钢笔画着画着居然勾出一张人脸。

天啦！这是思春吗？小花看到纸上那个“鬼画符”，脸顿时红了起来。急忙把这张纸撕掉避免让佐伊看到，否则佐伊肯定会大骂她开小差。

不过，奇怪的是，今天佐伊怎么没有来？小花诧异地朝佐伊的桌子看去，很凌乱的桌面，电脑也没有关，应该是走得很急吧！到底发生了什么事？

“你知道了吧？”同事突然探过头来。

“知道什么？”

“凌江清啊！她出事了，你不知道？”

小花脑子“轰”的一下。职场里有个规则：平时在办公室里是不闲聊的——财务室除外，大家如果想要聊天和八卦，都要到茶水间里。但是今天，因为凌江清实在是有影响力的大人物，所以大家不约而同地破坏了这个规矩，在办公室里交流起意见来。

原来，凌江清的老公突然被诊断出患上了黑色素瘤，这是一种很罕见的癌症，患病初期难以察觉，但如果确诊，基本就没有生还的希望了。

“凌江清太可怜了，她和她老公那么恩爱，这打击也太大了！”

“估计不会再写东西了。她之前很多故事都是以她和老公为原型的，以后还怎么动笔啊？”

“佐伊就是听说了这件事，去看望凌江清的。”

…………

小花心乱如麻。凌江清虽然不是社里的正式成员，但是长期以来对小花相当关照。小花也很想去看看她。但是会不会太冒昧？要不要先发个微信问一下？

小花掏出了手机，思来想去也不知道怎么问才好。“不如先看下她的朋友圈吧，也许能够了解到她的情绪是不是稳定。”小花点开了凌江清的朋友圈。

没有丧气的哭诉，没有“凭什么这事落在我老公身上”的怨叹，凌江清的朋友圈里只有这么一句话：还好，亲爱的，至少我们在一起的时候，每天都很珍惜，每天都不虚度。

小花的手一抖，手机跌落到书桌上，感觉周围的一切都静下来了。林小花再一次被凌江清的大智慧打动了——虽然不幸降临在头上，但至少他们在一起的每一天，都满是幸福。

珍惜眼前的幸福，也许就是对爱情最好的诠释。人有旦夕祸福，谁能保证今生白头到老呢？不如与心爱的人过好当下的每一天，这才是真正爱自己、爱他人、爱生命的态度。

不知道为什么，小花想起了图书馆的那个男孩。要不要告诉他？

小花立即去拨那个号码。

但是，已经停机了。

小贴士：

虽然相爱的人都想要“天长地久”，但人生在世，世事无常，与其期望遥远未来的美好，倒不如珍惜当下，认真过好与心爱之人的每一天。

辑五

每个年轻人，都在“打怪升级”

“新人阶段”即将过去，小花发现，她懂得了过去20多年都没懂得的道理。

关于体重那些事儿

一、年轻不再是资本

转眼间，工作已经近两年。凭借着先天的真诚善良与后天的努力拼搏，小花工资上涨，爱情顺心，财务运转健康，朋友圈内和谐。小花发现，自己越来越像一个标准的职场年轻人。回顾这两年，她发现，自己学到了在过去20年里没能接触和了解的经验和常识，这促使她成为越来越优秀、越来越平和的林小花。

不过，跟着小花的经验常识一起增长的，还有体重。

还记得大三的那年秋天，小花有幸与一位博士学姐共进午餐。那家英式餐厅以油炸类食品为主，小花热情洋溢地点了一桌子，吃得满嘴流油。学姐却犹豫再三，仅要了一个沙拉，还要求“只要醋汁不要蛋黄酱，只要鸡胸肉不要火腿块”。

“学姐你干吗啊？那东西多难吃！”小花啃着鸡块说。

“我不知道炸鸡好吃吗？但是怕胖啊，我已经快要30岁了，胖了就不容易减下来。你不怕长肉吗？”学姐问。

“我不怕啊。我觉得我吃这么多，但也并不长肉啊，活动活动就又饿了。”小花说这话的时候，很为自己的“吃不胖”体质而感到骄傲。

这时候，学姐幽幽地长叹了一声：“这就是年轻的好处啊，唉……”

后来，在小花生命中无数个长肉的日子里，她常常回想起这一声长叹。

毕业之后小花才知道，自己根本不具有所谓“吃不胖”的优良体质，只是因为她还年轻，新陈代谢较快，所以“体重”这个沉重的枷锁没有真正向她压过来。

迈过25岁的人生门槛，小花发现自己的体重确实不容乐观。且不说体重秤上的数字砰砰地朝上跳，仅看腰上的赘肉，就已形成了不小于10厘米的“救生圈”。在看过无数肥胖危害健康的电视节目，浏览过无数马甲线网红的照片后，减肥，成为小花刻不容缓的任务。

当小花高呼“我要减肥”之后，公司里的所有女性都表示了支持，就连平时只有点头之交的都在茶水间把小花拦住，借此将心得体会传授给小花。女人真是神奇的动物，减肥的方式五花八门，千奇百怪，小花决定“择其善者而从之”，先挑一种最立竿见影的方法实践，于是决定……节食！

都说“胖”从口入，节食据说是最痛苦却最有效的减肥方法。小花向营销部的姑娘要了一套标准食谱：肉和油几乎不见，米只吃少量，水果和蔬菜占大比重。营销部的莎莎告诉小花：“只要你能坚持住，一定会瘦！”

“我可以的！”小花大叫。

第一天，小花整个人处在高度亢奋的状态，只觉得走路轻盈，世界美好。

第二天，小花开始觉得饿了，是那种没抓没挠的感觉，无论做什么事情都静不下心。

第三天，小花开始朝着“变态”的方向发展，只要听到任何人讲到“烧鸡”“火锅”就会全身颤抖，掏出手机不自主地去查看大众点评等充斥着美食图片和推荐饭店的网站。

第四天……哦对不起，小花没有坚持完四天，午饭的时候小花终于抵抗不住，吃了一大碗米饭以及美味的梅干菜扣肉。然后因为连续三天节食又突然摄入大量油腻，导致腹泻了一下午。

四天时间虽然不长，但令小花印象深刻。腹泻结束之后上秤，确实小有成就，但几顿饭之后体重恢复如初。

小花找莎莎诉苦：“你不说坚持下来就一定会瘦吗？”

莎莎说：“是啊！但关键是你并没有坚持下来啊！”

小花长叹一声。这时候莎莎的同事说：“这种突然节食是没有用的，因为身体适应不了，反弹力度很大。我给你推荐简单易学的方法，就是早、午饭都正常吃，晚饭不吃。这样一来营养基本都满足了，而晚上胃里没有积食，身体只能消耗肥肉，自然就瘦啦。”

“这个容易！”小花当即拍了胸脯。

然而万事都是说起来容易做起来难。小花发现：不吃晚饭并没有想象中的那么轻松。由于晚上空闲时间多，在饥饿状态下特别容易想到食物，饥饿又会影响睡眠，到晚上10点小花甚至能够感觉到胃在收缩，挤在腹部深处，无法入睡。

一周之后小花称了体重，确实有效果，但是黑眼圈严重，胃还时时作痛。小花上网一搜，发现这种不吃晚饭的做法对身体伤害很大，饥一顿饱一顿，这是拿身体开玩笑。于是只能放弃。

后来，小花又前后节食了几次，都以痛苦的失败告终，强行减下去的体重也迅速反弹回来。

小贴士：

节食是当代年轻人常用的减肥方法之一，但科学研究表明，盲目节食并不能够有效减肥——我们的身体具有调节性，当每日摄入的食物减少之后，会自动减缓新陈代谢，从而陷入“我好饿但我就是不减重”的怪圈当中。而且节食对身体器官伤害很大，严重者甚至无法修复。

二、买书不等于看书，办卡不等于锻炼

节食失败后，小花陷入一个迷茫期，直到看到中央电视台的《健康之路》节目。节目里一位健康专家说，要想减肥，就得“管住嘴，迈开腿”。

小花顿时眼睛一亮，对啊，既然节食没有用，那就运动吧！

说到运动，小花找到了志同道合的小伙伴——乔安娜。乔安娜也在发愁自己的腰围，四处求医无门，便及时向小花强烈推荐了公

司周围的一家健身房。该健身房正在开业大酬宾，二人同时办卡可以六折优惠。小花被乔安娜说动了心，午休时间去现场参观，当看到齐刷刷的健身器材和那些人鱼线清晰的私教小姐姐时，小花和乔安娜立即拍出了钱包："办卡！"

回公司的路上，乔安娜和小花互相勉励，相信一定能够把这张价值4000多元的全年无限制健身卡利用好，小花甚至叫嚣："既然是无限制的卡，我一定要跑坏他们一台跑步机，让他们赔本，哇哈哈哈！"

事实证明，世界上有两件事对小花来说始终是梦想：一是吃自助餐吃得老板赔本；二是健身次数多到让场馆老板发抖。办卡第一周小花和乔安娜经常相约锻炼，但是一周以后二人都出现了懈怠情绪。具体表现为：

小花："乔安娜，今晚你想去不？"

乔安娜："你呢？你想去吗？"

小花："我……我有点纠结欸。我大姨妈要来了，不知道运动是不是好。"

乔安娜："我啊……我还有点工作没有做完，也来不及了。"

小花："要不然就算了吧，反正日子还长，下周再去。"

乔安娜："就是啊。等你大姨妈走了，我的工作结束了，下周去好好运动一下。"

等到下一周。

乔安娜："小花，你大姨妈结束了吗？要不要去运动？"

小花："这个……你去我就去。"

乔安娜说："我也纠结，今天晚上好多衣服要洗呢！"

小花："我也是，还得换床单。"

乔安娜："那咱们换一天吧，反正日子还长，也不急在今天。"

等到下一周，又会有新的情况出现……

早在小花和乔安娜办卡当天，瑞秋就做出预言："相信我，每一个办健身卡的姑娘，最后都会把健身卡运用成洗澡卡。"不幸的是，瑞秋的预言成真了。随着时间的推移，小花和乔安娜几乎不怎么去运动，倒是经常去洗个澡、洗个头——毕竟热水免费，洗澡间也干净。

不过，这么昂贵的洗澡卡，想想也很肉疼吧？

有时候小花翻开钱包，看到那张金光闪闪的卡哭笑不得。她想起自己的一个朋友，每次去书店都会买上一大堆书，在抱着书回家的时候，自认为将能从这些书本里学到整个世界的知识。但是几个月后，书还摆在架子上，蒙了一层灰尘。

买书并不代表读书，办了卡也不代表就真的会去锻炼。有时候这些消费行为不过是给自己找一个"我定会怎么怎么样"的借口，没有自制力，再多的书、再贵的健身卡，都不过是浮云。

三个月之后，小花和乔安娜彻底放弃，在论坛上把卡转给了另外两个热情满满、想要健身的姑娘。拿到卡的时候，小花听到那个姑娘说："这是无限次的卡吧？那我肯定经常去，让老板后悔！"

小花和乔安娜相视一笑。

小贴士：

花了两三百元买了一箱书，结果一本都没读完；花了三四千元办张健身卡，结果去了几次就再也不去了。这是很多年轻人的真实写照。花了大价钱却没能提升自己，归根到底还是要从自身找原因。一方面源于冲动消费，另一方面则源于三分钟热度。在做每一个决定之前，一定要好好想想该计划（项目、消费）是否真的适合自己，切不可盲目跟风，也不要高估自己的力量。任何一个循序渐进的计划都会比拔苗助长更有价值。

三、健康远比减肥更重要

折腾了三个月，折进去2000多元，小花不仅没有瘦，反倒是“救生圈”又厚了一层。小花对天哀叹：“天啊！就不能派一个减肥天使到我身边吗？”

“天使”真的来了。这天下班，凯西一脸神秘地跑过来，给小花带来了一个闻所未闻的减肥方法——辟谷。

“屁……屁股？”小花惊呆了。

凯西拉着小花的手说：“哎呀，这你都不知道，活该长肉！我问你，你减肥是为了什么？是为了美啊！怎么才能美？把脂肪瘦没了就是美吗？当然不是啊！真正的美应该是——排毒。怎么排毒呢？辟谷。”

凯西故弄玄虚地拖着长音，把小花说得迷迷糊糊的。简单来说，凯西所推荐的辟谷就是不吃五谷杂粮，甚至可以说是在一定时间内不吃东西。凯西告诉小花："很玄妙的。此时人体没有了新摄入的能量，就会将积存的脂肪转化成热量，供给身体日常需求，多年的毒素排了出去，多年囤积的脂肪也就消失了！"

见小花不太信服，凯西立即把小花拉进了一个辟谷爱好者群。群友们非常热情，纷纷向小花打招呼，并邀请她开始辟谷。小花不知不觉受到了感染，决定开始辟谷。

断食开始了。奇怪的是，这一次小花并不觉得特别饿，只觉得整个人飘乎乎的，排便的时候确实排出了颜色很暗沉也不成形的粪便，这一切都令小花觉得惊喜。在凯西的鼓励下，小花继续坚持辟谷，只喝少量的蔬菜水果汁，并惊喜地发现：当看到别人吃大鱼大肉的时候，自己不但不馋，反而恶心想吐。

然后，小花在大家吃午饭的时候，华丽丽地晕倒了。

醒来之后，小花的胃口损伤很大，只能吃一些流食，慢慢恢复。这期间的工作自然就停滞了，佐伊大为光火。而小花也在这个期间了解到：也许辟谷真的能减肥，但是现在很多辟谷爱好者所谓的"修炼"，其实就是在没有经验没有专业导师指导的情况下盲目断食。

庆幸的是，小花虽然走了歪路，倒还比人事部的卡秋莎好。卡秋莎是个东北来的姑娘，因为个头大，在一众金陵女子当中甚是自卑，多年来折腾着减肥，今年初不知从哪儿弄来了一种特效减肥药，吃完之后腹泻不止，差点脱水，现在已经变成了慢性肠炎，在家休养着呢！

有卡秋莎做例子，小花突然想通了：减肥并不是一朝一夕之功啊，否则何以卡秋莎减肥五六年了都没有成功？冒进是不行的，还是渐进吧。

小花重新制定了自己的减肥目标，划掉了原来的“一个月时间从120斤减重到100斤”的浮夸目标，换上了“每月减重2斤，保持在108斤”即可的方针，每天上下班抛弃公交车选择走路，晚上禁止吃高热量的食物，周末约人去打球或者爬山，就这样细水长流，一个月倒也顺利地实现了减重2斤的目标。

回头看看自己折腾节食、高价办卡的往事，小花觉得颇有意思。

也许每个年轻人，都有这么一段与体重折腾不已的往事吧？

小贴士：

如今生活富足，饮食丰盛，年轻人群体呈现越来越胖的趋势，无论是追求美形还是追求健康，减肥都很有必要。切勿听信特效减肥药及神仙减肥法等各类快速减肥方法，人体不是气球，不会瞬间变瘦，只有“管住嘴、迈开腿”，持之以恒，才会有效果。如果感觉坚持减重非常困难，可以适当使用“打卡”法，记录自己每天的运动和健康饮食情况，实现自我督促。

在“快社会”里“慢生活”

一、外卖也可以吃出法餐调儿

还记得小时候，如果小花不乖，妈妈就会威胁：“小花啊，再不听话就‘断尔粮草’，不给你做饭吃！”喜爱吃饭的、胖胖的小花就会立即化身小绵羊，再不敢说一个“不”字。

但是现在，小朋友们估计都不怕妈妈所谓的“不做饭威胁”了吧，因为外卖实在是太方便了。只需要手机有电，空中有网，动动手指，就会有新鲜热乎的饭菜送上门来。不仅比小花这种厨房菜鸟烧菜的味道好，而且吃完了还不用洗碗，多欢乐！

然而，小花独自在南京工作一年之后，外卖的欢乐感消失了。小花吃着方便餐盒里的饭，刷着朋友圈，发现自己的生活毫无品质。

某某在吃法国大餐。

某某在吃日本料理。

某某虽然在家吃，但是煲出了一锅靓汤。

小花长叹一声，顿时觉得嘴里的外卖索然无味。

“这不是我想要的生活，我想要的比这更好。”小花对自己说。

但是像小花这样一没有钱二没有时间的姑娘太多太多了，怎么才能让吃外卖的生活变得更美？小花开始想各种各样的好办法，来配比她的“小花秘方”，让外卖也能够吃出法餐的调儿！

首先，同样的食物，不同的容器会呈现出不同的品质。

这种灵感来自于楼下张大妈的胡辣汤。早晨小花经常去张大妈那里买上三元钱的胡辣汤，又鲜又辣真是过瘾，但就算再好吃，小花也从未把胡辣汤当成一种金贵的食物。前段时间公司里的凯西业绩突出拿到大奖，请大家吃一家新开业的“概念菜”。每道菜的价值贵得让小花伸舌头，但味道确实很好，大家纷纷赞扬：“人间至味！”这时候，一道“金汤”出现了，小花急忙喝了一匙子，忍不住叹道：“好喝！跟我家楼下张大妈的一个味儿！”顿时，在场所有人都向小花投来鄙视的目光，凯西更是恨不得把小花整个人瞪成透明的。小花自知失言，急忙缩起脖子来喝汤，却发现：没错啊！真就是张大妈做的那种胡辣汤。

汤是这个汤，但是格调不一样。一只碧琉璃的小碗，配上银制的汤匙，用大铜盘托上来，还点缀着殷艳的一碟红醋。这汤就“变味”了，从里到外都是精致。

从这件事小花取得了灵感：食物还是那种食物，如果换个容器，仪式感就出来了，吃掉食物的幸福感也就体现出来了。

后来小花叫外卖的时候，会着意把外卖取出来，放在好看的容器里吃。比如十几元钱的小杨生煎包，本来是很平民的点心，但小花把它们取出来摆在红色的日式瓷盘里，白包子黑芝麻加上红盘子，洒上细细的葱花，那叫一个漂亮！味道似乎也在升华，感觉置身于正宗的本帮点心馆子，吃的都是沪上名媛风。

再如叫来的街头寿司，放在日式粗陶盘里；老妈馄饨放在青瓷大碗里；蔬菜沙拉放进宜家的玻璃缸里……哪怕是一瓶可乐，如果倒在玻璃杯里，放了几块冰，丢一片阳台自种的薄荷叶进去，灯光一照，也颇有啜饮高档果汁的快感。

换了容器的食物提升了食用者的感官体验，也拉高了幸福度，但也会衍生其他的问题——平白多洗很多碗。吃外卖不就是为了图个方便吗？现在多出这么多碗，不是本末倒置？

不，小花并不这么认为。在小花看来，多出来的碗正好可以增加饭后的运动量。以前小花吃完了外卖晚饭就会倒在沙发上刷手机，几个小时飞也似的过去了。但是现在，饭后有弄脏的碗筷要洗，自然就得起来活动了。通过洗碗唤起了小花饭后的活动欲，刷手机的时间变少了，做家务、做运动的时间变多了，这种带动性真是意外的惊喜。

其次，适当的点缀会有不一样的心情。

在小花的同事当中，薇薇安算是最会做菜的，在她的朋友圈里总是充斥着近似美食杂志样本似的菜品。有一次小花到薇薇安家吃饭，自从坐下之后就激动得不能自已，认为即将登上美食界的巅峰了。菜品端上来之后——鲜红的烤番茄配着青绿色的罗勒叶子，鲜榨的果汁杯壁有一片碧绿的柠檬……简直就是艺术品！小花几乎是怀着虔诚的心吃下了这顿饭，并在内心深处感觉到自己汲取了食物全部的营养。

事后想想，薇薇安的手艺并没有多么好，饭菜也并非格外香，但带给小花的幸福感和满足感却是超乎想象的。小花这才意识到“点缀”食物的重要性。一碗阳春面，洒上了细葱花，就比原来要鲜嫩可爱得多；一顿简单的晚饭，加上一个烤红薯，就成了有甜品的高品质晚餐。哪怕是平凡的生活，偶尔买一束鲜花，养几条金鱼，也可以激发无数生活的激情。

从那天开始，小花会把叫来的外卖增加一些点缀，很简单，很随意，不费力，也不费钱，但因为用了心，所以格外幸福。

此外，即使吃外卖，也要通过适度配菜提升健康指数。

因为外卖重油重盐，热量较高，吃多了就会胖——这是人人都有感受的事情。但外卖又不能不吃，比如小花想吃红烧肉，在“焖肉五小时”和“外卖点一单”之间，小花一定会选择后者。

那么，叫外卖就不能健康了吗？当然不是。小花发现，如果在家里叫外卖，最好是“半叫半做”。难制作的主菜（如鱼或者肉）等由饭店送来，而素菜类可在等待外卖的过程当中亲手制作。比如洗一点莴苣叶子做一个沙拉，切一把香芹素炒一下，拍一根黄瓜放上蒜泥，都是简单而又健康的菜。采取这种模式之后，一来省了很多钱——饭店里的素菜售价不低，自己用原材料制作可以省下一半不止；二来少吃了很多油——为了好味道，饭店里的素菜往往会在出锅前淋明油或者干脆就猪油炒制，无形中增加了健康的负担。

有时候，小花把从饭店叫来的肉菜配了自己做的沙拉和汤，点缀一朵小花拍在朋友圈，已经有朋友开始称呼小花为“林大厨”了。

小贴士：

吃外卖，成为年轻人生活的常态。高盐、高油的外卖不仅对身体健康造成了伤害，对精神也有一定的创击，时间一长，会让人在快餐盒的包围里失去对生活的敬畏感，进而失去幸福感。所以，适当地减少吃外卖，增加自制菜肴，是提升生活品质的重要方法。如果实在做不到，也可以像小花一样，给外卖动一些“小手术”，在吃出“法餐调儿”的同时，也不辜负自己的青春年华。

二、控制，会大大提升幸福感

当小花掌握了“叫外卖”的诀窍之后，才发现在这条“吃货”的路上，还有一则终极奥义。那就是：控制自己。

起初小花每天都会叫一道好吃的肉菜，然后配上素菜，美美地摆盘点缀，再幸福地吃下去。后来小花发现：虽然幸福感较以往有所提升，但幸福感总体却在不断下滑。

因为味觉和视觉都有疲劳期，再好吃的东西，再完美的摆盘，也会在日复一日中趋于平淡。

小花不希望有一天面对着一桌好菜，却依旧提不起胃口。

有一天，小花向佐伊说出了自己的无奈，佐伊白了小花一眼：“有那个时间好好写稿子不行吗？版面都做完了吗？如果你像我一样，吃一个月的煮土豆，就不会再觉得这个不好吃、那个不好吃了！”

小花眼前一亮：“这不就是人生道理吗？”如今小花的生活品质确实提高了，但却由于太过于丰足而在无形中不断抬高了幸福的门槛。如果小花能够适度地控制自己，幸福感就会回来的！

于是在接下来的一周，小花晚饭尽量吃一些煮面条、蒸红薯之类简单却又有营养的食物，等到周末才美美地准备一顿好饭。麻木的味觉在外卖盒子打开、素菜上桌的那个瞬间恢复了，小花感动得热泪盈眶。

原来，再美好的事物也需要退场，而退场是为了再次完美地上场。当小花铺了洁白的亚麻桌布，摆上新买的影星玫瑰花，端上准备好的外卖与自做相结合的饭菜时，她悟到了人生的真谛。

小贴士：

如今的饮食越来越“快餐”，让年轻人用柴火煨饭已经是不可想象的事情了。但是，饮食再“快”，生活也得“慢”下来，适度控制，勤于动手，不要让外卖的粗糙和油腻“侵吞”了你的生活。

有限的时间也有无限的潜力

一、林氏时间管理法

林小花在杂志社工作的近两年当中，发现时间越来越不够用。

小时候，感觉每一天都很漫长——45分钟的课堂就像天荒地老，怎么盼也盼不到头。长大以后，每天的8小时工作倒像弹指一瞬，往往是对着电脑屏幕一瞬间就过去了，手头的工作还没有开始。

这种时间的压力使小花感到焦虑。刚入职的时候，小花只觉得每天工作时间不够用，下班之后要加班完成白天的工作，导致夜间睡眠不足，次日起床头晕眼花，工作效率低下，再次影响了白天的工作效率，恶性循环周而复始。入职不到两个月，小花去美发店做头发，理发师Tony小哥抓起小花的头发，第一句话就是："你的头发可有点少啊！"吓得小花差点儿从椅子上掉下来。

已经开始脱发了吗？已经要未老先衰了吗？我真的好累啊……

起初小花痛苦极了。反观身边的人，很多比自己工作任务更重、家庭压力更大，但却活得很从容。例如，瑞秋，作为HR，是全社里工作任务最多的人之一，但瑞秋每周都能腾出时间来做美容、做瑜伽，前段时间瑞秋还开了一个小小的公众号，在里面教大家做法式刺绣，这可是又费神又费时间的活儿啊！还有乔安娜，小花发现她总能腾出时间去进行短途旅游，在南京生活的这几年里，苏州、常州、杭州等她都利用周末去了一个遍，可是她的任务也不少，怎么做到的呢？

痛定思痛，重要的不是“痛”而是“思”，小花开始思考：也许同样的时间，通过不同的利用方法，就可以实现不同的价值。果然，经过身边人的言传身教及自我摸索，小花越来越觉得生活可以“轻松”起来——不是工作任务变轻松，而是时间的利用可以绰绰有余，这一切都要归功于小花自创的“林氏时间管理法”。

林氏时间管理法第一招——先做重要的事

小花发现，工作之初往往有这样的感受：“今天这么忙，但好像什么都没有做嘛。”比如每月截稿期的时候，小花觉得每天忙得“脚丫子打后脑勺”，然而临下班佐伊问，“明天的会议内容准备了吗？”“卷首语出来了吗？”“××广告商的软文写好了吗？”，小花会立即发现还有一堆任务没有做。小花也曾向佐伊抱怨过工作太多了，但佐伊立即回赠了一个白眼：“你总把不重要的工作放在最前面做，当然会觉得忙了！”

后来小花才发现，问题确实出在自己身上，是她对每天的任务“主次不分”。

出于惰性，小花习惯把最容易做的工作放在最前面做，浪费了每天刚上班时最饱满的精力，以至于一些很重要但很费神的工作没有启动，到了下班前精力最差的时候，工作效率下降，重要而困难的工作被积压滞后，导致无法按时完成只能加班，压缩原本就很少的休息时间。比如某一天，小花的工作任务是这样的：

向两位作者电话催稿（月底交稿）；

完成两篇大稿的校对（后天要）；

写一个有水平的编者按（明天晨会要看）。

按照以往，小花一定会先打电话找作者要稿（这是沟通工作，是最容易的），之后做校对（这个工作看似量很大，但是做起来并不难），之后再写编者按。如果这样的话，小花在打完电话、做完校对之后已经很疲惫了，脑子不再灵光，编者按就写不出来。写不出来就意味着要晚上加班，看着时间一分一秒地过去，心里产生强烈的压迫感，以至于进度越来越慢，时间消耗得也越来越多。

如果小花反过来做呢？先写编者按，这是最需要创造性的工作，也是最紧急、一旦完不成就需要加班的工作，趁着早晨没有惰性快点做起来。之后，根据自己的疲劳情况，选择打电话放松一下或者做校对工作。无论选哪一种，都可以保证小花不用加班，也不会产生巨大的心理压力。

如今，每当小花面对一堆工作无法下手的时候，她就会提醒自己“先做重要的事”，然后准确地挑出最重要的工作，埋头开始，轻松应对。

林氏时间管理法第二招——任务分类法

小花认识一个叫墨莲的专栏作家，她曾说过这样的话：“我今晚要带孩子，要煮一锅银耳明天早晨吃。我还要把衣服洗了。对了对了，再把我的英语课程听了。之后完成本月专栏稿。嗯，我肯定能完成的。”

小花把墨莲视为天人：“可是墨莲，你晚上7点才下班到家，怎么能够完成这么多事呢？”

“这不难啊。我先把衣服丢进洗衣机，让那个大机器慢慢地洗着。然后一边带孩子一边煮银耳，又娱乐又干活，算是不错的亲子活动呢！等我煮好银耳，衣服就洗好了，这时候我会鼓励孩子自己去洗漱，而我去晾衣服。等到把孩子哄睡之后，我就可以听英语课程了，听完课程正好是晚上10点半左右，那是我一天当中文思泉涌的时候！我可以立即开工动笔写稿子，很完美！”墨莲笑着说。

后来小花慢慢了解到，墨莲是标准的“辣妈”，可以在生活、工作、写作、育儿和养生中游刃有余。起初，社里的编辑们都以为这是墨莲夸大其词、过度包装，时间长了才发现，她真的可以做得很好，而她的秘方就是：时间分类法。

墨莲说，每天需要做的任务那么多，如果每一项都塞到日程里，势必不能完成。这时候可以对时间进行有效的分类：

A. 一定要用独立时间完成的工作。

如写稿子、上课等。这样的任务要单独选取头脑最清醒、最安静不被打扰的时间来进行，按照精力最佳的时间，可以起到事半功倍的效果。

B. 可以同时进行的工作。

如煮饭、洗衣、听音乐等。在生活当中，最有节省余地的就是这类工作了。将每天要做的这类工作列出来，然后合并同类型，把可以同时做的工作尽量同时做。

举例来说，小花下班要煮晚饭吃的小米粥，要洗衣服、卸妆、收拾背包。这几项工作完全可以重叠来做——回家之后先把衣服丢进洗衣机，之后用电饭煲智能煮粥，等待的时间里可以舒服地卸妆和收拾背包，顺便听听音乐舒缓一下心情。这些工作做完了，粥也煮好了，小花把锅盖打开凉一凉，利用这个时间去晾好洗衣机里的衣服，完美。

后来小花继续观察，发现生活中可以同时完成的工作远不止于此，如果能够认真分类，同时完成，节省的时间极为可观。而且，同时完成多种工作的成就感真是令人满足。

林氏时间管理法第三招——学会利用他人的帮助

以前小花总以为自己是盖世英雄，可以应对所有的困难，但是成熟之后的小花有所醒悟：想要成功，一定要学会利用他人的帮助。

去年底小花负责一个专版，每天都要做大量的联络工作：确定大纲、对接版面、写软文……累得整个人脱掉一层皮。某个凌晨小花还在电脑前码字，乔安娜来取落在办公室的Kindle，她看了看小花的屏幕，诧异地说：“这种事你还要自己做？那你非累死不可！”

“不自己做？难道还有田螺姑娘给我做吗？”小花忙得火气上升，对乔安娜没有好脾气。

好在乔安娜不介意，她说：“时间紧任务重，你不是应该做最重要的工作吗？像这种既占用时间又没有技术含量的录入工作，应该找两个实习生来帮你。你明天就去跟佐伊讲，她会同意的。”

第二天早晨，小花支支吾吾地对佐伊说出了想法，意思是自己需要做一些技术性工作，一些复印、扫描、录入等基础工作能否加派人手。本以为佐伊会批评自己态度不积极，不承想佐伊立即给予肯定：“你能想到这一层，说明真是成熟了。我马上申请给你两个实习生，帮你做录入。”当天下午，做录入的实习生就来了，虽然依旧不能在技术上为小花分忧，但是她们替小花做了大量占用时间的工作。小花再也不用熬夜录入，也不用经常站在复印机前，她甚至有离开电脑桌放松一下的时间，工作的幸福度大大提高。事后，两个实习生也很开心，因为她们加入了一个重要的项目，实习简历上留下了光彩的一笔。

这个实例教会了小花一个道理——要能够向同伴“要时间”。在时间不够用的时候，别硬搞，有效利用身边的人力资源，才是提高工作效率的重要法则。

小贴士：

工作时间相同，有人可以做出成绩，有人却疲于奔命。每个人都有最适合自己的时间表，如果觉得目前的时间利用效率低下，可以选取几天作为样本，记录下每个小时自己的工作内容，找到“最有效率的时间段”，“最浪费时间的工作”，“什么内容害我消磨了宝贵的时间”，以及“哪些工作可以同时做”。通过综合分析，每个人都能总结出自己的“优秀时间管理法”。

二、时间为什么那么重要

小时候总是听老师说时间如何宝贵，可是小花体会不到。长大后参加了工作，小花才知道，时间代表了太多东西，比如成功、健康。

前几天，同办公室的索菲请假了，说是健康状态不太好，工作压力过大导致的。当时大家都有点郁闷，觉得有一天自己也会倒下。但是佐伊却不以为然："倒下了？平心而论，索菲的工作强度并不大吧？"

的确如此，小花仔细回想了一下索菲平日的工作状态，便无限地认可佐伊的说法。索菲这个姑娘很认真，几乎每天都老老实实坐在电脑桌前，连去茶水间都是速去速回，和同事八卦的情况几乎没有。就连周末索菲也经常性地来单位，每天都如临大敌一般。

像索菲这么认真，是不是早就工作能力超群了？实际上，索菲完成的工作量并不比别人多。因为，索菲的工作态度经常是这样的：

情况一

小花："索菲，去休息一下吧，喝点水休息一下脑子。"

索菲："不行，今天晚上要交的，我不能去喝水，我得继续写。"

于是小花去喝水，回来看到索菲屏幕上的稿子还停留在原位置不动，而索菲抱着头无奈地说："好累啊，但是不行，我得坚持，不能休息。"然后接下来的半个小时，小花再次见证索菲抱着头坐在位置上一个字也敲不出来。

情况二

“大家都辛苦了，这个周末去郊游吧，农家乐！地方我挑了几个，说出来大家选选。”佐伊说。

整个办公室顿时陷入一片欢腾，只有索菲说：“啊，不行我不去了，我在这个周末追追工作进度吧。”

然后，大家周末郊游后尽兴而归，并在放松过后工作效率上升了一个档次。但是索菲呢？她丧着一张脸，面对工作依旧无精打采，不停地抱怨很累。

情况三

“啊，脖子好疼，肩膀也好疼。”索菲痛苦地说。

“索菲，你到楼下去透个气，或者到露台上晒晒太阳。这么强迫自己是没有用的。”佐伊劝道。

“不行，时间紧迫，哪有空去做这种事情，我得抓紧……”索菲呻吟着，说什么也不肯离开座位，然后继续痛，工作也推进不下去。

…………

在小花的印象里，索菲总是这样的，累得像是狗，成绩却寥寥无几。若说索菲能力不足也是冤枉她了，索菲中文硕士毕业，本科时期在各种杂志上发表“豆腐块”，小有名气。刚入职的时候，试写任务索菲做得最好，是最有潜力的新人。

那么是什么让索菲的工作能力越来越弱呢？显然是对时间的利用。小花发现：索菲是自己“逼死”了自己，面对工作，她无法“张弛有度”。

如今工作与生活的压力太大，于是“要拼命”“要对得起自己”“每一分每一秒都要拼”等口号充斥在年轻人当中，以至于有些人干脆把自己当成一个无限产出的机器，一分一秒都不肯放松。

这种“只张不弛”的工作方式可以在短期内取得良好的效果，长此以往却只能以降低工作效率为代价。如果一个人每天有八小时可自由支配的时间，休息四个小时，然后用清醒的头脑工作四个小时，可能远远比八个小时都坐在书桌前、筋疲力尽折磨自己更高效。

后来，索菲再次因为过度的疲劳和压力而晕倒在工作岗位上。社长狠狠地批评了佐伊，认为佐伊的领导模式有问题，但是真正有问题的可能是索菲对时间的把握。

再后来索菲辞职了，换了一份相对轻松的工作。但是小花偶尔在朋友圈里看到，索菲还是一如既往地抱怨工作辛苦。

小贴士：

张弛有度，是保持效率的重要方法。以健康为代价的长时间工作，只会导致身体精力消耗过大而长期处在慢速工作甚至无法工作的状态。适当的休息也是工作的重要部分，当你读到此处时，请问问自己——多久没有休息了？身体状态还好吗？

行业转型，你变还是不变

小花发现：自从尼采的“上帝死了”之后，世间万物都有“死”的可能，如杂志。

入职前的小花以为：无论如何变革，杂志也不会“死”。小花这一代人，对杂志有着特殊的情感，从小时候拿着几元零钱到小报亭买杂志全班传看，到后来旅行时在火车站人手一本故事类小刊，再到后来上大学时偷偷坐在阅览室里读时尚杂志，以及毕业后床头总是放着那么几本图文精美的专刊。小花觉得，这个世界上所有人都应该爱杂志。

但世界的变化总是超出想象。不知从何时起，微信公众号的快餐式阅读和铺天盖地的电子书已经严重威胁到了纸媒的生存。就算是小花所在的这家著名杂志社，也已经叶落知秋，感觉到了行业瑟瑟的秋风。

第一个感受到“秋风”的是社里的轻小说专刊。曾经，轻小说是少女们的最爱，如果哪个少女没有读过几本轻小说，都不敢说自己年轻过。但是现在，网文显然比轻小说更吸引少女读者们。尽管在晋江文学城等网站读长篇小说不见得比买一本杂志更划算，但是轻小说杂志却无论如何也无法打开少女们的钱包。

轻小说的执行编辑杰奎琳最先受到冲击，在几次头脑风暴会议过后，杰奎琳主持的刊物《girl歌》被迫转型为电子刊物。这令从大学起就接触少女专刊的杰奎琳一度崩溃。紧随其后的就是佐伊主持的《在旅途》。《在旅途》本是社里除时尚杂志之外广告收入最高的刊物，却因为马蜂窝等免费提供游记的网站冲击，销量和广告收入直线下滑。再之后就是财经类刊物、新闻热评类……一时间人人自危。

曾被称为“半个铁饭碗”的出版业变成了这样。在感觉到凄凉与不安的同时，小花也看到了一幕幕悲欢，并看到了行业转型下年轻人的众生相。

一、一叶障目，瞎的只有你

苹小果，杰奎琳手下最得力的编辑，自兼写手，全能型人才。小花刚入社的时候买过几本《girl歌》，其中有一篇令她脸红心跳、不能自已的古风爱情文就出自苹小果之手。也正因为有这种能力，社里人人都直呼苹小果的笔名，本名倒没有人记得了，这也是对其文笔的一种隐性尊重。

当《girl歌》转型为电子刊物之后，除了杰奎琳，最难过的就是苹小果。苹小果甚至大病了一场，再回到工作岗位的时候两眼通红，声音嘶哑。苹小果说：“不行，我不相信！我不相信现在的女孩都不看言情了！不看言情的女孩还是女孩吗？”

“苹小果，现在的女孩不是不看言情，而是倾向于用另外一种方式看言情。”杰奎琳虽然也很苦恼，但还是认真地向苹小果解说，“现在是我们OUT了，跟不上少女们的脚步了。我想你可以多看一些当红网文，分析当下的热点，然后咱们把电子刊做起来。”

“做那种没有品的东西！我才不要！”苹小果恨恨地说。

“以前我也和你一样，觉得卖文的网站是没有品的，只有杂志才是真的有品的。但是时代不同，观念总是要改变的。而且据我了解，电子刊有打赏功能和订阅功能，做好之后收益也是相当可观的，还能够省下印刷成本，更有前景。”杰奎琳说。

“什么叫打赏？我们这些作家要等着读者打赏吗？我们是用心做文字的人，我们要的是尊重，不是什么打赏！”

杰奎琳和苹小果的沟通不欢而散。从那之后，无论杰奎琳如何努力组织电子刊，苹小果采取的都是一种不配合的状态。虽然苹小果并未抛弃本职工作，按时供稿和编稿，但是与以前做纸媒时的风格并没有什么不同。

不进则退。

“苹小果，可能你没有理解电子刊和纸刊的区别。纸刊是笼络住固定的读者，读者花钱买到了杂志，无论如何都会读下去，所以重要的是文笔细腻吸引人，连载情节惊心动魄很抓人，尤其是需要一些品质文字，让少女们读起来感觉自己变成了仙女。但是电子刊不一样，因为初读的时候没有成本，所以如果开篇不吸引她们，她们就直接弃读了，根本不会坚持下去。”杰奎琳指着苹小果新交上来的文章说，“你看看你这几篇文章的题目，《你不是彼得梅尔，我不是普罗旺斯》《采采卷耳，与君长诀》，这都太文气了，做纸刊可以，做电子刊吸引不住人啊！”

对于杰奎琳的要求，苹小果只是把肉体安静地放置在办公桌前听着，但灵魂却已经飘走了，下一期交上来的文章还是一样。有时候，隔着中间百叶窗的玻璃墙，小花都能够感觉到杰奎琳和苹小果的剑拔弩张之势。

据佐伊说，上次的执行主编碰头会上，杰奎琳已经向主编提出需要更得力的编辑了，由于转型势在必行，像苹小果这样顽固抵抗的编辑，势必不能够继续“生存”下去。现在还让苹小果待在原地，不过是照顾面子而且一时半会儿没有新人补上来而已。

经常能够看到苹小果对着以前的《girl歌》年度合集发呆，面容憔悴。小花也觉得很难过——毕竟大家都怀念纸刊热火火的日子，但小花也知道，每个行业都有转型的时候，碰到了，怨过了，最后还是得抬起头来积极地应对。

苹小果年纪并不大，文字也时尚活泼，不知道为什么总是想不通这一点。

小贴士：

行业转型往往是年轻人最怕的，这意味着刚熟悉的领域要进行未知的改革，刚站稳的脚跟要被痛彻心扉地迁移，甚至要眼睁睁看着长久以来尊敬为师长的前辈被淘汰。在这种情况下，试图以个人的消极行为抵抗行业潮流无疑是螳臂当车，唯有积极应对，方能在行业转型的大潮中重新找到位置。

二、变与不变，重在权衡

小花接下佐伊交给的做赠刊任务。

以前，在杂志社里赠刊始终是个末流，因为赠刊不仅开本小，而且以广告居多，大稿子基本不会挪到赠刊。但是如今行业收入不好，集中了大量广告的赠刊就成为拯救业绩的重要渠道，而且在全民热爱消费的潮流下，赠刊的优质广告反而成为一些读者购买的热门。

独立承担一个刊物，哪怕是赠刊，也令小花紧张不已。与小花共事的还有同部门的克拉拉，她比小花早来一年，也算是个新人。小花曾有不解，为什么不找更有经验的克拉拉来主持这个赠刊，当时佐伊冷冷一笑："你很快就会知道了。"

果然，小花很快就知道了。她发现克拉拉的能力并不差，但却是典型的"拒绝成功"的那种人。

举例来说，做赠刊之初，小花联系到了上海一家赠刊制作相当成功的杂志，准备带克拉拉去一起学习一下经验，前后的联络都是小花来做，克拉拉的反应只是淡淡的，等到一切谈妥的时候，克拉拉说："你去吧，我就不去了。"

"那怎么能行呢？克拉拉，虽然我主持这件事，但你是我的主心骨啊！"小花决定先拍拍马屁，让克拉拉顺心了也许就会跟着去了。

克拉拉皱眉，把身子转正了，严肃地说："你还不明白吗？你现在所做的一切都是徒劳的。纸媒已经完了，我们的杂志已经完了，单靠一个制作美观的小册子就能拯救我们大家吗？为什么还要做这种徒劳无功的事情呢？"

几句大道理把小花堵得哑口无言，后来再三劝说无果，小花只能自己去上海学习赠刊的办刊经验。说真的，上海杂志社那边很热情，小花与其交流甚欢，还定了下次互动的时间，得到了主编和佐伊的一致好评。

对此，克拉拉的反应只有冷笑。

之后，小花就开始了猛烈的加班以及一遍遍地往金陵图书馆跑。有时候小花实在查不完的资料，也想交给克拉拉来办。对此克拉拉的反应更激烈了，她翻了翻白眼："开什么玩笑？"

"啊？赠刊的事……"

"赠刊虽然交给我做了，但是主刊的事也没有给我停啊！加工资吗？发福利吗？Flower你是不是傻啊？主编看你没有心眼就给你无偿加任务，你还像一只勤劳的老牛似的哞哞叫着去耕地，别那么傻了行吗？"

说来也怪，被克拉拉这么天天唠叨之后，小花的干劲也松懈了，办赠刊有一搭没一搭的，最后也学会克拉拉的那套说辞了："唉，赠刊就能救得了杂志吗？而且加了那么多工作……"

不过，好在有佐伊，小花人生的贵人就是佐伊。某天小花又叨叨这一段的时候，佐伊把小花叫到了楼下的面包店。这是一家私房面包店，非连锁，价格也不便宜，但生意奇佳，因为味道做得实在是好，卖相也是分分钟可以上美食杂志封面的那种品质。

佐伊叫了一个红丝绒千层和一个布朗尼，放在小花面前。佐伊问小花："喜欢这家店吗？"

"当然喜欢。"小花说。

"为什么喜欢？"

"味道好。"

"还有呢？"

"还有……"小花认真地想了想，彼时透过店面的玻璃门，能够看到老板欢天喜地忙活着。小花说："还有这家店的气氛，我能够感觉到老板一直很用心。"

"没错，很用心。"佐伊长舒了一口气，显然小花的话说到了她的心里，"老板每天忙着，但是没有加班费，为什么还一定要这么用心呢？因为他知道他的所作所为别人看得到，用心就一定有回报。"

小花似乎有些明白佐伊所指了。

佐伊吃了半块蛋糕，然后说，"我知道现在做赠刊，大家都很忙，也看不到太多的希望，但是林小花，我们不能就这样放弃，我们热爱杂志，就得继续做下去。这些天克拉拉对你的影响我看到了，但我相信你会克服她对你的负面影响，对吧？"

"能吧……"小花倒吸了一口气，如果佐伊不提醒，她真的没有意识到，克拉拉对自己的影响那么大。

佐伊说："这就是为什么一开始我没有把赠刊交给克拉拉做的原因。克拉拉比你早来一年，虽然也算得上职场新人，但我和主编都已经把她看得透透的了。传说中职场有三类人最不招人待见，克拉拉算是占齐了。”

“哪三类人？”小花急忙问，她想知道自己会不会也沾了某些不招人待见的品质。

佐伊说：“一是负能量很强的员工。有些人稍微多做一点工作，受到一点不公平的待遇，就会怨天怨地，好像全世界都欠了他一样，却从来没有想过，这个世界上没有绝对的公平，今天有你的不平，明天有他人的不平，为什么不能以长远的眼光看待工作，想想团队对你优待的时候？更可怕的是，这类人不仅自己生活在负面情绪里，还会将内心的怨恨传播给周围的人，将整个团队都笼罩在阴云里。”

小花仔细想想，克拉拉确实是这种人。

“第二种就是拒绝成功的人。这种人平时也有很多，无论你给他出什么主意，他都会先入为主地认定‘不会成功’，甚至不相信别人的成功。这样的人通常不会有任何成功的可能性，因为他在通往成功的路上先给自己挖了一个坑。”

小花仔细一想，没错啊，之前克拉拉就认定赠刊不会成功，而且无论小花提供什么样的方案，她都认为不可行。不仅如此，有时候别人已经成功了，克拉拉还要表示不相信，比如同事中有个事业与家庭双成功的“辣妈”，小花等人都羡慕不已，纷纷表示要向其看齐，但克拉拉的态度就是：“我才不相信，才不可能呢！”

“第三种人就是被动思维的人。领导不说，他就不做。看似是听话，实际上却是‘推一步走一步’的消极表现。领导不可能面面俱到，需要员工在熟悉业务领域的前提下发挥主观能动性，变成一个有机的、有用的部件。如果只是‘敲打一下动一下’，迟早会被淘汰。”

这点小花太有感触了。在与克拉拉共同办赠刊的日子里，所有的创意和想法都是小花提出来的，克拉拉绝不肯多想一点，也不肯多做一步。与克拉拉工作就感觉像拖着一块大泥巴，沉重而黏腻。

“但是……”小花还有点疑问，“如果你们都知道克拉拉是这样的人了，为什么还继续留她在现在的岗位上呢？”

佐伊无奈地叹了一口气：“没办法啊，因为克拉拉是主编的远房侄女。”

“啊？”小花真是吃了一惊。

“不过，就算是远房侄女也没有用。”佐伊吃完了最后一口蛋糕，“主编说已经准备劝退克拉拉了，毕竟在职场上，面对利益相关的问题，侄女的身份也不能解决一切问题。”

小贴士：

职场上，总有些年轻人无法成长，并非因为能力，而是因为典型的“不招人待见品质”。这种品质可归纳成三点，一是充满且传播负能量，二是始终拒绝任何成功的机会，三是被动思维绝不肯主动发挥作用。上述任何一点都足以使学识、学历各方面都不错的年轻人败倒在职业生涯中，切记。

三、有时，抽身而退是最好的办法

当小花终于把赠刊编好的时候，又出了一件大事。

这件大事，对于社里也许不算大，但对小花绝对大——好朋友乔安娜要离职了。

乔安娜，一直是小花又爱又恨的对象，她们曾经互相妒忌和竞争，又曾经共同斗色狼，后来又携手走出感情的迷茫。在小花心里，乔安娜是她生活中不可缺少的人。但是乔安娜要走了，就在其业务能力得到认可、很有可能晋升的时候。

小花对此很是不解，得知消息的当晚就找乔安娜谈，问她为什么非要离开不可。乔安娜说："小花，我对社里没有任何意见，我辞职纯粹是因为行业。"

"你不喜欢杂志行业？"

"不是，我喜欢，很喜欢，但是我看到了行业的夕阳。"

乔安娜说，自从她做营销以来，就看到各家企业投入广告态度的变化。从一开始急着要投放，到后来观望着投放，再到后来的按月小规模投放。无论多么俗气，钱始终是行业的指向标，这意味着纸媒终于迎来了秋天，甚至很快就会进入冬天。

"我不这么认为！"小花不开心地说，"就算现在旅游杂志不好做，但从认真程度和文字精美度，我们还是比网上的免费游记更好啊，一定有人看到我们的努力的！"

"是的，一定有人，所以我相信纸媒不死。但这并不意味着我想继续在这个行业做下去。"乔安娜拍了拍小花的手背，"小花，有时候你得大胆一点，告诉自己，没有终身的职业，也没有永远不变的行业。”

那天晚上，小花和乔安娜都喝了一点酒，然后觉得心里酸酸的。第二天，两个女孩终于分开，那段竞争过、勉励过的岁月，沉淀到了历史的长河里。

而小花也从中学到了一个道理：“天下没有不散的宴席”。面对行业转型，每个人都有每个人的选择，重要的是，你适合哪一个？

小贴士：

年轻人投身于职场，既要有坚持到底的决心，也要有随时抽身而退的勇气。要知道，决定你的发展和收入的不仅是能力，还有行业的发展和走向。时代发展的大潮使人人都不可埋头孤军奋斗，要学着承认，学着理解，学着平和，更要学会应变、适应。

辞职，想说爱你不容易

自从乔安娜辞职后，小花突然发现：虽然工作时间不长，但所见的辞职案例倒不少。

像小花这样初入职场的姑娘总有一种错觉，好像今天的同事就是一辈子的同事，但生活教给她的却是：在任何一个单位，随时随地都会有人背起行囊，递交辞职书。

辞职的原因自然五花八门，有为情所困想要离开南京的，有家庭丑闻而不得不离职的，还有“世界那么大，别人都去看了，那我也得去看看”的，他们的离去不断刺激着小花的神经，也带给她诸多对人生的思考。

一、你说走就走，将去向何方

莎莎的辞职一点也不令人意外。早在入职之初，她就形容自己是长了翅膀的小鸟，将在这里做短暂的停留，只是何时启程还未可知。这种“未知”在某次主编向其大发雷霆之后，变成了“可知”，莎莎决定辞职。

莎莎的辞职是非常潇洒的，是典型的说走就走，辞职的原因也非常简单：做得不开心，就不做喽。当莎莎穿着破洞牛仔裤到社里来办辞职手续的时候，所有年轻人都向她投去了敬佩的目光。小花听到自己心里激荡着一个声音：“你看看人家！那叫一个洒脱！”

然而，两个月后小花发现莎莎在朋友圈里代购，发了大量的微信私聊请大家替她宣传和转发，那种哀求的语气与曾经小花认识的那个莎莎判若两人。小花出于好奇和友情，通过莎莎买了一件阿迪达斯的连衣裙，拿到手的第一时间她就认定是假货，那粗糙的面料啊，那错位的印花啊，那参差不齐的锁边啊……下水之后，整件衣服掉色得好像梵高的画，再也无法上身。小花气得想要拉黑莎莎，但想想又忍住了：如果不是生活无奈，谁会愿意把假货卖给自己曾经的同事呢？

莎莎的生活确实无奈。听佐伊说，莎莎在辞职后不久就来找佐伊，想要佐伊这边辟一个专栏，让她有机会写点稿子赚点钱。佐伊也就此得知，莎莎辞职时口袋空空，辞职次月就没了生活费，但日子却要过下去。

再回社里已经不可能，莎莎就四处托关系想办法赚钱。佐伊虽然同情莎莎，但也得坚持自己的原则——莎莎的文笔是不足以开专栏的。

回头想想莎莎当初的辞职，表面上是利索潇洒，本质上却是莽撞和冲动。年轻人离开一份从事许久的职业，需要的不仅仅是勇气，还有积累——至少是财富上的积累。如果莎莎能够在辞职前攒够一笔钱，也不至于在离去之后过得那么拮据和难堪。

佐伊告诉小花，以前的业务部主管也是突然辞职的，但人家看似突然，却是考虑已久。年近四十的业务部主管早就攒够了一笔“辞职金”，在辞职之后的很长时间里都不需要工作，只是到处转转看看，休闲度日，把这么多年做纸媒辛苦磨损的身体和钝化的心灵生生地滋养了回来。

所以，在没有钱的前提下辞职，就像没有安全绳却非要攀岩一样，玩的是心跳，受伤的是自己。

有时候，小花无意中翻到莎莎的朋友圈，看到那些毫无逻辑、铺天盖地的代购信息，只有一声叹息。

小贴士：

辞职最忌冲动。

很多年轻人在工作中受到一点委屈就决定“不为五斗米折腰”，殊不知，这五斗米虽然不多，但停供之后对生活的打击却是巨大的。在递交辞职书之前，一定要进行自查：是否有大额的需要偿还的债务（如房贷），是否有至少6个月的生活储备金（包括房租或房贷、生活基本开销及医药开销）。想清楚这两点，才是给辞职套上保险绳，不至于让生活一跌千丈。

二、辞职看世界？世界不友好

其实小花也想过辞职，因为“世界那么大，我想去看看”的诱惑是巨大的。

当每天早晨挣扎着起床，疲惫地套上T恤奔向社里；当朋友圈里看到大量的海滩休闲照，而自己却在努力码字赶稿；当喜欢的电影都要下映了，却还腾不出时间去观看……谁都想过要辞职，因为自由的诱惑是如此巨大。

不过小花没有辞职，因为她胆子小。胆子大的也有——还记得贝蒂吗？就是曾在小花租房困难期来往甚密，后来又DIY房子的那个麻辣美编。

贝蒂的人生是跳跃式的，起初是默默无闻、不敢前进的美编，后来在房子DIY的领域一展身手，成为一个DIY专家，从此就一路坦途，发掘了本职工作之外的第二领域。就在前段时间，贝蒂参加了一个全国性的DIY房屋设计大赛，获得了不错的成绩，然后她就华丽丽地辞职了。

贝蒂辞职那天，请小花等关系不错的同事吃了散伙饭。虽然是散伙，气氛却非常热烈喜气，贝蒂开心地说："以后再也不用早起啦！我要睡到自然醒！"

小花羡慕不已，毕竟"睡到自然醒"是多少年轻人的梦想。事后小花给苗苗打电话，说了贝蒂的事，"苗苗，我也好想睡到自然醒啊。"

"你有那个资格吗？"苗苗冷冰冰地抛来一句。

"啊？同样生而为人，我没有睡觉的资格吗？"小花不高兴了。

"我不是那个意思，而是说……贝蒂并不是真正的自由了，她只是成为自由职业者了。虽然不用早起，但生活的压力依旧存在。从今天开始，她要在无组织的前提下，用自己的双手去谋生了。小花你扪心自问，你有这样的实力吗？”

小花顿时消了气焰。诚然，贝蒂虽然是辞职，却并没有离开职场，她只是选择了另外一种形式的行业。那个行业的竞争压力也很大，也需要拼搏，也需要努力。所谓的“辞职去看世界”，若你没有一技之长，世界并没有那么友好。

小花又想起曾经在书里看到过的例子。两个女孩同时辞职，都说要去看世界，一个四处乱转，把钱花光又回到了原地，而另外一个呢？成了珠宝商。这是因为，后者在看世界的同时，仍然在学习积累知识技能，成了珠宝设计师。因为她在“看世界”时有选择性地去那些珠宝产地，如坦桑尼亚、斯里兰卡、南非等，“看世界”成为她的一种积累，成为她参与社会竞争的另一种形式。

没有一技之长，你想看的世界也是有限的。

小贴士：

“世界那么大，我想去看看。”多少年轻人因为这句话，义无反顾地投身于辞职大军，又有多少人在看了几天世界之后铩羽而归。社会的竞争是残酷的，那些辞职看世界的成功人士并非只是“看看”，而是在新的领域里找到了技能增长点，在看世界的过程中继续努力创造生活。

三、生活不如意？辞职不是万能的

有一天苗苗打电话来：“小花，你知道吗？司琴已经第八次辞职了！”

司琴是苗苗和小花的舍友，是女神级的人物。工作之后，司琴也不知道中了什么邪，每份工作都不如意，频繁辞职。起初苗苗和小花还很八卦地猜测是不是因为司琴太漂亮，所以总是遭遇职场性骚扰，故而多次辞职。直到司琴在一所全是女性员工的女子学校工作了一个多月再次辞职时，小花和苗苗才认定，这可能是司琴的问题。

这一次辞职和以往不太一样，因为司琴辞职后来找小花，想请小花引荐一下，进杂志社工作。司琴说："我觉得，我理想的生活也许在杂志社里。"

小花出于同情，也是出于好奇，找了一个周三的下午溜出来和司琴见面。多次辞职的司琴看起来有点憔悴，见到小花之后倒也不掩饰什么，说："我对现在的工作不满意，对现在的生活不满意。我总是辞职，原因也就只有一个——不满意。"

理由就是这么简单，小花也不知如何相劝。见面结束之后，小花选择了一个好时机把司琴的简历递到了瑞秋那里，还不忘替司琴美言几句。瑞秋看了看简历，挥手制止了小花："好了，你不用说了，我不会招这个人的。"

"啊？为什么？"

瑞秋冷笑了一下："这还不明白吗？即使她入了社，也干不了多久的。"

"不一定啊？也许杂志社的工作适合她，她就能继续做下去。"小花忍不住辩解。

"不可能。"瑞秋拍了拍简历，"你没看出来吗？其实之前的工作并不是不好，而是永远达不到她满意的程度，而她满意的工作，几乎不会有。”

瑞秋说，通常一个年轻人在寻找工作时，会有两个指标：一是工作的基础因素——工资高不高，工作环境好不好，晋升空间大不大，加班压力强不强等；二是心理因素——工作能否带给自己快乐，是否富有挑战性，是否有让自己被认可的快感。基础因素是显性的，也是容易满足的，但心理因素却是隐性的，就需要入职者自己去调整了。

瑞秋说：“你的这个朋友已经做过八份工作了，每份工作的基础因素都很好，但她还是不满意，一再辞职，这说明是隐性因素出了问题。她需要的是调整自己的心态，而非换工作。”

小花把这个结果告诉了司琴，司琴当然不会接受。她说她会继续寻找，直到找到那份理想中的工作。

小花只能祝福她。

小贴士：

辞职并不是万能的。有的年轻人因为工作不满意就准备辞职另谋高就，却不能冷静分析一下：换一份工作你就一定满意吗？你所不满意的因素，是可以量化的显性因素还是自己心理导致的隐性因素呢？如果是显性因素，大可以辞职再找一份更适合的工作。但如果是隐性因素，恐怕要先进行自我检讨——是不是自己本身就对工作没有兴趣，是不是缺少上进的动力，是不是责任感不够强烈。否则，换一份工作不过是重复昨天的悲剧，并不能带来质的飞跃。

四、变与不变

周末晚上，小花把自己对辞职的看法说给苗苗听，总结出一条：我不用辞职。

但苗苗却反问了一句："林小花，你别光看热闹。你有空也想一想，如果有一天也辞职了，你还能干什么？"

这句话还真的提醒了小花。不知不觉中，小花已经对现在的职业形成了依赖，所有的发展和规划都围绕现在的工作推进，很少想到一旦离职应该何去何从。

苗苗说："小花，有时候我挺幻灭的。我觉得我现在的实力并不是我自己的，而是单位给我的。"

让苗苗产生这种感觉的是校门外的按摩馆。苗苗有严重的肩周炎，经常要去按摩馆里这里捏捏那里敲敲。长期以来苗苗都只锁定一个姓李的大夫，说是大夫，其实就是一个从盲校毕业几年的学生，手法很好，态度也认真。

大约两个月前，这个李大夫对苗苗说，现在这个按摩馆的提成太少了，下个月就要转去另外一个馆。那个馆给他高级按摩师的待遇，提成也高，李大夫一边手上加着劲儿，一边给苗苗描述自己美好的未来，他说："苗姐，按照我现在的客户量，加上那个馆的提成，我肯定能越过越好。苗姐，你也是我的老客户了，等我换了馆，去支持一下我的生意呗？"

苗苗说好，还加了李大夫的微信。

但是，当李大夫离职之后，苗苗却迟迟没有光顾他的新的按摩馆——不是不怀念他的按摩手艺，而是那个按摩馆的位置太偏远了。每当苗苗筋疲力尽想要按摩的时候，必然不想转几次地铁折腾到那么远的地方去。

而在这段时间，李大夫在微信里不断地催苗苗去照顾生意。从他的描述里得知，新馆虽然提成高，但是客户量很少，李大夫绝大多数时间都是闲在店里，急得嘴都起泡了。李大夫说："苗姐，你们怎么就不来呢！我的按摩不好吗？"

苗苗很尴尬，她试着向李大夫解释"不是你的手艺不好，而是按摩馆太远"，但李大夫不愿意相信，他说："就算远，但是按摩毕竟是手艺活儿，手艺好也值得来啊。"

为了鼓励李大夫，苗苗还是抽空去了几次，但也就那几次而已。苗苗发现，李大夫所在的按摩馆不仅地处偏僻，而且经营上也有问题。首先是客人预约的制度不健全，客人进门之后，前台根本弄不清约的是哪位大夫，不能给人以宾至如归的感觉；其次是服务质量很一般，空调开得温度不合适，一次性毛巾洗得不够干净，而且也没有免费的菊花枸杞茶喝。最重要的是，这家按摩馆的营销不那么吸引人，以前校门口那家按摩馆充值办卡优惠很多，极能吸引回头客，但这家即使办卡优惠也有限，顾客索性不想办卡。

后来，苗苗还是回归了那个学校附近的按摩馆，和李大夫也渐渐断了联系——实在是太尴尬了。但从这件事上，苗苗品读出了这个世界的一丝恶意——有时候，你的成绩并不是你的，而是你的平台带给你的。离开了平台，你可能什么也不是。

就像李大夫，他曾经有那么多的客人，让他误以为无论在哪里都能够很受欢迎，却不知一旦换了家按摩馆，他也只是一个普通的、没有多少回头客的普通按摩师而已。

苗苗把这个故事告诉了小花，小花听后全身发冷，说："苗苗，我突然意识到，我现在虽然是一个优秀的编辑，但如果纸媒'死了'，我是不是也就……废了？"

"那倒也不一定，要看你擅长的是什么。如果你擅长做的工作是放之四海而皆准的，那么无论到哪里你都可以做得很好——比如美编、会计就是这样。但如果你擅长的只是做纸刊，而且是传统纸刊，那你肯定很快就'死'了。"

说白了，就是要培养一种叫作"核心竞争力"的东西。这种力量因人而异，但是大同小异，它是一种能够让你区别于他人的技能。掌握了这种技能，即使换了一个工作平台，你依旧可以脱颖而出。如果没有这种技能，只是在平台的一角"啃"着平台带给你的优势与收益，那么迟早有一天……覆巢之下，岂有完卵？

挂断了苗苗的电话，小花睡意全无，跳下床，在自己许久不写字的小日记本上写着心事。她知道，虽然现在不想辞职，但那一天并非永远不会到来。在这个不断变化的时代里，她能做的就是既变又不变：

变——顺应着时代的需求而不断调整自我；

不变——永远培养自己的核心竞争力，做一个无人可以替代的林小花。

小贴士：

许多年轻人在入职几年后小有成绩，便沾沾自喜，自认为在业内已经成“腕”，是一个颇具经验的老手了。实际上，这种成绩往往不是个人实力造就的，而是公司或单位的平台赋予的。一旦行业波动或者公司解体，这类年轻人被抛入社会洪流当中，会顿时找不到方向。所以无论什么时候，都要清醒地认识自己的实力，知道成绩取得的真正原因，主动培养自己的核心竞争力，才能立于不败之地。

尾声

我们终将开出花朵

2019年的春天，小花想起了两年前的自己。

那时候她即将毕业，奔忙于求职的路上，穿着并不合身的G2000套装，仰起一张青涩的脸庞。如今，小花虽然离职场达人还差得远，当个都市丽人也不合格，但小花已经在这个陌生的大都市里经受了洗礼，出落得恬静动人。她既能踏稳时尚的高跟鞋在酒会上穿梭，也能穿着跑鞋在清晨的跑道上奔跑；她既有友爱坚强的同事好友，也有智慧强大值得尊敬的对手。

这个春天，一切都在变化，城市在不断地扩张，房价在不断地上涨，行业在不断地转型，经济在不断地繁荣。佐伊终于找到了心爱的男人，在小花的泪目里辞掉了工作，与人生的又一个伴侣远赴加拿大；苗苗终于考入了梦寐以求的体制内，过上了“铁饭碗”的幸福生活；贝蒂开了一家室内装修公司，免设计费、低材料费帮小花把她那已经增值了30%的房子重新整装了一番；还有那个男孩——你知道的，你知道是哪个男孩——在小花第12次电话未接通后的一个清晨，再次出现在金陵图书馆，对小花说：“自从手机丢了之后，我一直在找你。”

小花已经不再是小花，小花的成长代表了我们所有人的成长。在纷繁的社会里，在激烈的竞争下，在美好的生活中，小花特别美丽，特别平静，特别努力，特别勇敢，又特别幸福……